刘悦笛 赵强

——

著

中国古典╱生活美学

風月無邊

北京时代华文书局

目录

下篇
美化生活：悦身心·会心意·畅形神

第四章
从"诗情画意"到"文人之美"

第八章
从"雅集之乐"到"交游之美"

第九章
从"造景天然"到"园圃之美"

前言

从生活的美学到审美的生活

我们的时代，生活愈来愈审美化，"生活美学"应运而生。

生活美学，既是"全球美学"，也是"中国美学"。

生活美学，之所以成为全球美学的最新主潮，成为中国美学的最新思潮，实因生活艺术化与艺术生活化之世界大势。然而，中国美本然就是生活美。中国人据于儒，依于道，逃于禅，形成了活生生的审美生活传统。从中西交流来看，这世界"既平且美"！

生活美学，既是当代美学，又是古典美学。

当代人，既需要全球的生活美学，又需要审美的中国生活。中国美学不只是西学的"感"学，而更是本土的"觉"学。美学恰是一种幸福之学，生活美学生根于华夏，由此"审美代宗教"才可能成就理想之路。从古今交融来看，这世界"风月无边"！

生活美学，既是感觉之学，亦是践行之道。

生活美学并非玄学空论，而是要真正融入生活中。宗教要回答"生活值得过吗"，美学则回应"何种生活值得追求"，美学遂成第一哲学。没有宗教的生活有何种意义，恰恰是全球的未来难题，中国生活美学智慧或许可以提供一个全新的答案。从知行交合来看，这世界"大美生生"！

这便是生活美学得以生存的理由，它不为美学而存活，而为生活而存在。

我们要的，并非生活的美学，而是审美的生活……

上篇

生活成美：

据于儒·依于道·逃于禅

第一章
从『孔颜乐处』到『儒行之美』

礼作于情。

——《性自命出》

乐其生，遂其性。

——程颐《养鱼记》

（孔子）其教人也，则始于美育，终于美育！

——王国维《孔子之美育主义》

为何吾人文明古国，被称为"礼仪之邦"[1]？

因由古至今，中国自有一派"礼乐风景"！

先贤孔子"给人们以整个的人生。他使你无所得而畅快，不是使你有所得而满足；他使你忘物、忘我、忘一切，不使你分别物我而逐求。怎能有这大本领？这就在他的礼乐"[2]。

礼乐，这种"人世的风景"，曾被分而观之：乐是"风"，礼是"景"。[3]

中国人世的风度与世间的景致，都濡化着"儒家之美"，自宋以后的儒生就常论常新的，这种"美"意与"乐"意，即"孔颜乐处之意"！

"寻孔颜乐处，所乐何事？"此乃宋明理学之后，孔门儒学的核心议题之一。

明清之际的泰州学派，更以"乐"为立学旨归，其创始人王心斋的《乐学歌》有唱：

> 乐是乐此学，学是学此乐。不乐不是学，不学不是乐。
> 乐便然后学，学便然后乐。乐是学，学是乐。於乎，天下之乐，何如此学。天下之学，何如此乐！[4]

此学，指"求圣求贤"；此乐，即"孔颜乐处"。

这就要从赞美儒生的"风月无边"谈起。

<hr>

[1] 目前，已有论者指出"礼仪之邦"乃"礼义之邦"的误写，但无论怎样说，"礼仪之邦"却更能为中国民众所接受，"礼义之邦"倾向于将中国描述为单纯的伦理社会，"礼仪之邦"则是另有一番风度与风貌。

[2] 梁漱溟：《中国民族自救运动之最后觉悟》，上海中华书局1933年版，第68页。

[3] 胡兰成：《中国的礼乐风景》，中国长安出版社2013年版，第61页。

[4] 王艮著，陈祝生等点校：《王心斋全集》，江苏教育出版社2001年版，第54页。

"风月无边"需吟风弄月

"风月无边"与儒家何干？儒家岂能"风花雪月"？

"风月无边"，这个看似风花雪月的老词，居然不是野道与狂禅之妄论，而是语出自表面上规规矩矩、非礼勿动的儒生。

那位南宋大儒朱熹，尽管一心向往存天理而灭人欲，但在为另一位老前辈濂溪先生勾勒人品素描的时候，却叹其曰："风月无边，庭草交翠"。[1] 朱老夫子在赞美儒学同道的时候，竟如此诗意盎然。殊不知，他也有"万紫千红总是春"和"昨夜江边春水生"的名诗名句。看来，濂溪先生真"活得"更有诗意了。

这位濂溪先生，就是周敦颐。毕生独爱莲花的他，在《爱莲说》里面，以"中通外直，不蔓不枝，香远益清，亭亭净植"之莲，作为人格的象征。千古名言"出淤泥而不染，濯清涟而不妖"似乎成了宋朝之后儒生的修身之标尺：浑浊的现实如淤泥，高洁的人格似青莲。

原来，"风月无边"也本不是描绘风景的，而是言说人物的。后世的文人墨客皆用"风月无边"或"无边风月"写客观之景、抒主观之情，而且都与古代名胜相联。岳阳楼三楼的东西两联就短短八字——"水天一色，风月无边"，落款为"长庚李白书"，不知真假。就连乾隆帝下江南，行至西湖，也曾为"无边风月"亭题写了匾额。那么，为何可对一位儒生赞曰"风月无边，庭草交翠"呢？分明"风月"是言天际的，"庭草"则是说家院的，究竟与人何关？与儒何涉？

有趣的是，后世人描摹濂溪先生的为人，还常常用"光风霁月"这样意思差不多的词语。

"光风霁月"这般的美景，时常出现。"光风"，乃雨后初晴之际的

---

[1] 朱熹：《晦庵先生朱文公文集》卷八十五《六先生画像·濂溪先生》，《四部丛刊》本，上海商务印书馆 1939 年影印版。

风；"霁月"，指雨雪初止之时的月。儒生倘若能得此风月，乃是说他的人格达到了某种高境。如此清新明净之胜景，用来描绘儒者之精神境界，可谓妙哉！在这境与界里面，充溢着中国人活生生的美感。

无论是"风月无边"还是"风光霁月"，都需要有人来"吟风弄月"。而这人，就是那位被赞为"风月无边，庭草交翠"的北宋大儒——濂溪先生。

"庭草交翠" 有生生之意

先来说"庭草交翠"。

话说北宋理学家程明道（程颢）、程伊川（程颐）两兄弟，曾共学于濂溪先生。据《二程遗书》所记：

> 周茂叔窗前草不除去，问之，云："与自家意思一般。"即好生之意，与天地生意如一。[1]

好个"与自家意思一般"！为何自我生生的杂草，却能比拟为儒生的"本意"呢？

究其实质，乃是由于"仁心"，乃是由于内在的仁心发扬光大而推及万物，仁者与万物俱化，皆有"生生之意"。难怪，程明道还说过"观鸡雏，此可观仁"[2]，就连鸡雏这样的小生命都可以见"仁"矣。

上面这段短短的记载，勾勒出一位朴质自然的儒生形象。书窗前杂草丛生，却始终不锄，人们奇怪而问之，便言"见春草而知造物生意"。万事万物都有"生生之意"，而仁者乃本有"好生之意"。只有如此这般，如此这样的人，才能达到那种生生不已的"仁学天地"。

这"与仁同体"，不仅弟子程明道当场便顿悟参透，而且直到明代儒者王心斋那里，也相当明了：

> 周茂叔"窗前草不除"，仁也。明道有觉，亦曰："自此不好猎矣。"此意不失，乃得满腔子是恻隐之心。故其言曰：

---

[1] 程颢、程颐著，潘富恩导读：《二程遗书》，上海古籍出版社 2000 年版，第 112 页。

[2] 程颢、程颐著，潘富恩导读：《二程遗书》，上海古籍出版社 2000 年版，第 111 页。

程颢（1032—1085）和程颐（1033—1107）

　　"学者须先识仁，仁者浑然与物同体。"[1]

　　"仁者浑然与物同体"，活脱脱一派人与天地合体的儒学高境，人道与天道遂而并流同一：不仅人心皆"仁"，而且天地俱"仁"。

　　人心满仁，则"满腔子是恻隐之心"；万物皆仁，则"仁体充塞乎天地人物而无间矣"[2]。这种与仁同体，实乃物我合一，亦即"在我者亦即在物，合吾与物而同为一体"[3]。这"仁"本就是生生的，否则那就会"麻木不仁"。

　　濂溪先生之后，先有"理学"大兴，后有"心学"崛起，但都不离此"生生"之意，从而走出了一门不同于原始儒家的"新仁学"。

　　理学大宗朱熹，就直接从"生意"的角度推仁，认定"仁是天地之

[1] 王艮著，陈祝生等点校：《王心斋全集》，江苏教育出版社 2001 年版，第 9 页。

[2] 罗汝芳：《盱坛直诠》上卷，广文书局 1997 年版，第 66 页。

[3] 罗洪先：《念庵罗先生集》卷一《答蒋道林》，《四库全书存目丛书》集部第 89 册，齐鲁书社 1997 年版，第 491 — 492 页。

生气"，春之生气长于夏，遂于秋而成于冬，并与仁、义、礼、智相对，但他却鲜言仁者与天地为一；而心学祖师陆九渊，则从孩童时代起，就省悟出"宇宙内事乃己分内事，己分内事乃宇宙内事"之道理，缘由就在："人与天地万物，皆在无穷之中者也"！

上文说到，当哥哥的程明道有感于其师的杂草不除，甚至从此"不好猎"矣！这令人又想起弟弟程伊川的故事。他年轻的时候，看到家人买小鱼喂猫，于是不忍之心顿生，遂选择了百余条能活的鱼，养于书斋之前的石盆池里，"大者如指，细者如箸"，终日观赏，"始舍之，洋洋然，鱼之得其所也；终观之，戚戚焉，吾之感于中也"。伊川究竟由此"感"到了什么？那便是他所说的"乐其生"而"遂其性"。儒生观鱼，乃是返回到内心的"诚"意，并由条条小鱼推广到世界万物："生汝诚吾心。汝得生已多，万类天地中，吾心将奈何？鱼乎！鱼乎！感吾心之戚戚者，岂止鱼而已乎？"

观鱼，这原本是道门庄学长项，汉唐诸代的儒生们鲜有论之，但到了宋明之际，却常被提及，北宋儒生张九成就欲由观鱼窥见"造物生意"：

> 张横浦曰：明道书窗前有茂草覆砌，或劝之芟。曰："不可。欲常见造物生意。"又置盆池，畜小鱼数尾，时时观之。或问其故，曰："欲观万物自得意。"草之与鱼，人所共见，惟明道见草则知生意，见鱼则知自得意。此岂流俗之见可同日而语？[1]

"观万物自得意"，岂能为流俗所见？此乃"观天地生物气象"也！

一方面，从万物角度讲，正如程明道所体悟到的——"万物静观皆自得"；另一方面，从仁者角度论，正如张横浦所体悟到的——"欲常见造物生意"。其实，"万物静观皆自得"这句诗还有后三句，"四时佳

---

[1] 黄宗羲：《宋元学案》卷五，中华书局1986年版，第38页。

兴与人同，道通天地有形外，思入风云变态中”，明道与横浦之义是大体相通的。

《中庸》中引过《诗经》的一句话："鸢飞戾天，鱼跃于渊"，充满了"活泼泼"的生意之美。后代的儒生们，在反反复复体味这段话的深意，阐发《中庸》"发育万物"之智慧。程颢认为，如若"会得时，活泼泼地；不会得时，只是弄精神"[1]。关键就在于，真正地体会到鸢飞鱼跃的"天地之化"，否则那只是徒然解词而已。

"活泼泼地"，故充满生气，"鸢飞鱼跃"，故怡然自得，由此，方能得到儒家所谓"反身而诚，乐莫大焉"之"大乐"。

所以，泰州学派的创始者王心斋与极端儒生罗近溪就此分别赞曰：

> 天性之体，本自活泼。鸢飞鱼跃，便是此体。[2]

> 鸢飞鱼跃，无非天机。声笑歌舞，无非道妙。发育俊极，眼前即是。[3]

上至天，鸢飞于天，下至地，鱼跃于渊，天地满溢生机，活泼泼地气象，真是一派"吾与生生"之景呀！

---

[1] 程颢、程颐：《二程集》，中华书局 1981 年版，第 59 页。
[2] 黄宗羲：《明儒学案》卷三二《泰州学案一》，中华书局 2008 年版，第 711 页。
[3] 罗汝芳：《盱坛直诠》下卷，广文书局 1997 年版，第 69 页。

"孔子闲居"为与天地参

刚才说到了周敦颐的幽居之乐，那么，孔子本人是如何"居"的呢？

所幸《礼记》里面，有一篇重要的文字——《孔子闲居》。闲居，此一个"闲"字，就已经将孔子所具有的那种闲情和盘托出，但此"闲"实却"不闲"。

的确，与实现政治理想相比，与在外谋求功事相较，孔子似乎更喜欢独自居家时的"申申如也，夭夭如也"。换句话说来，有谁不喜欢那种无拘无束、闲适散淡的居家生活，反倒喜欢为了功名利禄碰得头破血流呢？然而，孔子的本意，似乎并没有那么简单。

"孔子闲居"的目的，乃在于以"仁"与天地参！

如此看来，宋明理学试图以孟学对孔学返本开新，其所倡导的"新仁学"取向，即内现"心体"之仁而外显天地之仁，起码在《礼记》那里就已初见端倪，其时的孔子就有了参赞天地的智慧。

在孔子看来，这"原"，实乃指向了文明的人性化与自然化的本源，

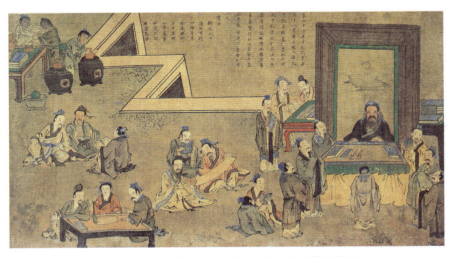

焦秉贞《孔子圣迹图·退修诗书》清代 现藏于美国圣路易斯美术馆

实乃在于"仁"矣!

"仁"既为礼乐之发,又化形为礼乐,实为礼乐之本。孔子实乃将这种"仁爱"无限外推,直至推广到整个天地之间!

所以说,只有回返到"礼乐之原",才能获得双重的效果:一是"致五至",二是"行三无"!

何为"五至"呢?按照《孔子闲居》所记,孔子对答说:

> 志之所至,诗亦至焉;诗之所至,礼亦至焉;礼之所至,乐亦至焉;乐之所至,哀亦至焉。哀乐相生,是故正明目而视之,不可得而见也;倾耳而听之,不可得而闻也。志气塞乎天地,此之谓五至。[1]

所谓"五至",就是志至、诗至、礼至、乐至与哀至。而且,这五者是按顺序通贯到底的。作为民之父母,一定要做到"君子以正"。由内心之志出发,志发而为诗,以诗言志。兴于诗,进而据于礼,礼又与乐配,回返到哀,最初哀乐相生,使得志满天地。只要达到了此种境地,才能先知四方之败,而免民于水火之虞。

进而,何为"三无"呢?

简单地说,就是"无声之乐""无体之礼"与"无服之丧"。

这种"三无"精神,实乃君子要身体力行的。孔子引用《诗经》的三句诗,分别来解这"三无"到底意味何事:

其一,《诗经》云"夙夜其命宥密",乃"无声之乐"也。这是说,文武二王行安民之政,朝夕谋政既宽又静,百姓由此获得的愉悦心境,犹如充塞天地的美妙音乐。

其二,《诗经》云"威仪逮逮,不可选也",乃"无体之礼"也。这是说,高尚的道德品质自然外化出来,从而形成了"安和之貌",达到濡化世间的"闲习"效果。

---

[1] 郑玄注,孔颖达疏,吕友仁整理:《礼记正义》下册,上海古籍出版社 2008 年版,第 1940 页。

其三，《诗经》云"凡民有丧，匍匐救之"，乃"无服之丧"也。这是说，奋不顾身地解救人民于苦难之中，从而以"至爱"的品性来救世。

由此，孔子极尽美言，来盛赞这种"三无"的精神：

> 无声之乐，气志不违；无体之礼，威仪迟迟；无服之丧，内恕孔悲。无声之乐，气志既得；无体之礼，威仪翼翼；无服之丧，施及四国。无声之乐，气志既从；无体之礼，上下和同；无服之丧，以畜万邦。无声之乐，日闻四方；无体之礼，日就月将；无服之丧，纯德孔明。无声之乐，气志既起；无体之礼，施及四海；无服之丧，施于孙子。[1]

实际上，《孔子闲居》最初落实到君子如何"与天地参"的问题，孔子真是"高著一双无极眼，闲看宇宙万回春"呀！[2]

既然先王之德是"参于天地"的，那么，效法他们的君子们也要"无私而劳天下"。君子的生命需克服"自私"的有限，而达于宇宙天地的"无私"境界，这也是由于四时庶物"无非教也"。人若达到"参天地"之境，必要效法天地日月的"无私"之德，奉献出生命的至爱，从而与天地合流。

《易传》有曰："天地之大德曰生"，天行健，君子也当自强不息。后世的心学大师王阳明，亦深得此意——"仁人之心，以天地万物为一体，诉合和畅，原无间隔"！[3]

这便是从孔子那里得以开启的"参赞化育"的生命智慧——彻达宇宙生命之一体性。这种明天地万物一体之义，它已普遍浸渍于中华民族的心髓之中了。

---

[1] 郑玄注，孔颖达疏，吕友仁整理：《礼记正义》下册，上海古籍出版社 2008 年版，第 1942 页。

[2] 陈献章著，孙通海点校：《陈献章集》，中华书局 1987 年版，第 649 页。

[3] 王守仁著，吴光等编校：《王阳明全集（新编本）》第 1 册，浙江古籍出版社 2010 年版，第 207 页。

出入之间的"吾与点也"

再详说那"风月无边"。

还是二程与他们的老师濂溪先生的故事。程明道曾回忆起这样的一次相遇：

> 某自再见周茂叔后，吟风弄月以归，有"吾与点也"之意！[1]

这"吟风弄月"，大概就与"风月无边"相对，风可"吟"，月可"弄"，这都是一种潇洒的审美心态使然。这便引申出"吾与点也"这段孔子的千古传奇。

在整部《论语》里面，记述孔子对话的《先进》篇，出现了一段罕见的完整段落："四子侍坐"。与《论语》大都记述孔圣人的言行语录不同，这段"侍坐"大概构成了其中最有故事情节的一段佳话。

侍坐的"四子"，就是孔子心爱的四个徒儿：子路、曾皙（又名曾点）、再有和公西华，他们某日陪着孔子而坐，当时的故事情境大致是这样的，孔子对弟子问道：你们都说没人了解我，如果有人了解并任用你们的话，那你们会如何做呢？这时，师徒之间的对话由此展开。

以"勇"而著称的子路迫不及待，他首先对答：

> 千乘之国，摄乎大国之间，加之以师旅，因之以饥馑，
> 由也为之，比及三年，可使有勇，且知方也。

这是军事家的派头。子路自夸，可以引领大军周旋于诸国之间，并夸口说只用三年，就使得百姓们勇敢无畏并明晓此理。听罢，孔子不

---

[1] 程颢、程颐著，潘富恩导读：《二程遗书》，上海古籍出版社 2000 年版，第 112 页。

禁笑了，那是由于"为国以礼，其言不让"，这种不谦逊的大无畏态度，使孔圣人摇头笑之。

接着出场的是那位善于理财的冉有，他没有子路那样的雄心胆略，但却有经济家的能力。他对答：

> 方六七十，如五六十，求也为之，比及三年，可使足民。如其礼乐，以俟君子。

只要给他一处小地方，不到三年，冉有自认就能使百姓富足，但要推行礼乐，那还得让贤于君子呀。显然，冉有不能以礼乐治之，但孔子认为，无论是五六十里还是六七十里的小地方，不仍是需礼乐之治的"国"吗？大小又有何妨？

公西华似乎最为谦逊，但是他仍有政治家的胸怀。他对答：

> 非曰能之，愿学焉。宗庙之事，如会同，端章甫，愿为小相焉。

他自谦只能做个小相，勤加学习，穿着礼服，戴着礼帽，只能主办祭祀和接待来宾而已。难道这位公西华所论并非"治国之事"吗？孔子反而认为，无论是祭祀还是外交都是国事，但公西华所做的事仍为小事，关键是谁能做孔子心目中的"大事"呢？

最后，孔子才转而问到了"习礼爱乐"的曾点，问他的志向究竟如何呢。

当时的曾点正在轻轻鼓瑟，看似散淡无语，却在静听各位的高见。听到老师问到自己，他鼓瑟的声音渐渐稀落下来，铿的一声停止了弹奏，放下了瑟，说他的志向与三人大不相同，并对答：

> 莫春者，春服既成，冠者五六人，童子六七人，浴乎沂，风乎舞雩，咏而归。

刹那之间，这就为大家描画出一幅美好的"暮春景象"。

由此，孔夫子喟然叹曰："吾与点也！"

这就是著名的"曾点之志"。

为何孔子唯独赞赏了曾点呢？无论是子路的统摄千军万马、冉有的走向国富民强，还是公西华的善于祭祀外交，在孔子看来无非是"各言其志"罢了。

按照儒家"出仕"的基本取向，征战虽未必可取，但走富民与崇礼之路，似乎也理应大加赞许的。但孔子却没有，并在这三人走后，在与曾点的对答当中，一一指出了他们的缺憾，而独赏曾点的志向。

从表面上来看，如果比较这四种人的四种"志"，子路、冉有和公西华的志向，无疑都是入世的，他们所做的都是此世积极的事业，而唯独曾点则是一派出世的取向。因为，他拒绝了三位师兄弟的入世之举，而要走一条"舞雩咏归"的新路。

但事实上并非如此，下面我们就要证明，为何曾点看似要出世，其实也是入世之人。换句话说，曾点是貌"出"而实"入"的。"吾与点也"的出入之间，还是别有一番深入道理的。

问题还是那个老问题，为何孔子独独欣赏曾点"舞雩咏归"的人生规划呢？

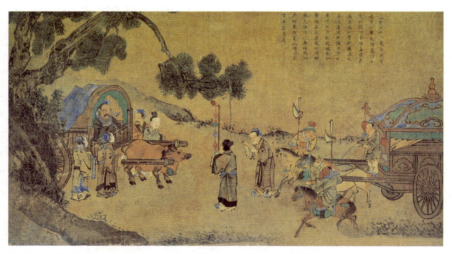

焦秉贞《孔子圣迹图·作歌丘陵》清代 现藏于美国圣路易斯美术馆

"舞雩咏归"之活泼现场

孔子之所以赞美曾点，难道就因为曾点是一位"游玩家"吗？

孔子不喜军事家的勇猛与不谦，不喜经济家的实用与小气，不喜政治家的规约与谦恭，难道却单单钟情于"游玩家"的洒脱与不羁吗？

在曾点鼓瑟之后，那段"舞雩咏归"的著名场景，大都被后世阐释为一场春游而已，而且还是一场乘兴而来，尽兴而归的春游。简直就是一场"审美之游"呀！从这个眼光看来，说曾点是孔门弟子当中最大的"审美家"，恐怕也不为过，而孔子本人也向往这种"审美的风度"。

那么，这场春游究竟能潇洒到何种程度呢？你大可如此想象一番，春暖花开，换上轻便着装，偕五六个同道好友，带六七个少年学子，如此惬意而轻松地沐浴于沂水之中，迎着和风，优游于舞雩台上，唱着歌曲，最终兴尽而归……

今天的老百姓，曾用口头语这样"翻译"说："二月过，三月三，穿上新缝的大布衫。大的大，小的小，一同到南河洗个澡。洗罢澡，乘晚凉，回来唱个《山坡羊》。"哈哈，尽管是打油诗一首，但真是精妙好译！

然而，我们要知道，真正的"历史现场"是怎样的，那个活泼的现场，到底承载与透露出哪些文化讯息。

也就是说，曾点带着五六个冠者、六七个童子，他们到沂水去到底做什么？干吗偏偏到祭坛那里去游览？他们暮春去沐浴、乘凉，然后歌唱而归，难道只是游乐而已吗？所谓"春沐风咏"之主要鹄的，究竟何在呢？

那就让我们做些还原工作吧，去还原"舞雩咏归"的历史情境与文化场景。

与古本《论语》成书年代最为接近的两种说法最有说服力。其中一种是"盥濯祓除（祓禊）"之说。

暮春者，季春三月也。春服既成，衣单裕之时，我欲得冠者五六人，童子六七人，浴于沂水之上，风凉于舞雩之下，歌咏先王之道，归夫子之门。[1]

请注意，在这里，尽管说的主要是祭祀，但是又被平添上了歌咏的内容，那就是所谓"先王之道"。这才是被归于儒学孔门之下的真正缘由。因此可以说，这场祭祀实为儒生在授业嘛，但难道就是一场传授儒学的纯教学活动吗？曾点由此也成了一位教育家？

根据另一种说法，曾点志向乃是主持雩祭。

"雩祭"即祈雨，从"雩"这个字形上就能看出，它是求雨的专祭。出于消灾避难的目的，无论是临大旱还是恐小旱，古人求雨的祭祀至关重要。早在殷商之际，雩祭就已很流行，以农为本的周朝祈雨之习尤盛，宫中还专设了雩祭官与舞雩的巫女。

日本的汉学家西冈弘，甚至为曾点与其所携带的众人都分配了"戏剧角色"：暮春三月雩祭之时，曾点穿上祭服，自任祭祀中的"神尸"，得冠者五六人为"工祝"，而童子六七人为"舞者"，他们行禊于沂水边，然后在舞雩台上祈雨，歌咏而馈祭神明。这种还原真的很彻底，演出的人物们，大大小小似乎都成了"神职人员"，颇令人会心一笑。

但追本溯源，这"雩祭"之说，较早还是中国汉代思想家王充所提出的精妙看法。

有趣的是，他认定曾点是"欲以雩祭调和阴阳"，这就又引入新的东西，也就是"阴阳调和之说"。这说明了，王充也是一位"还原者"，每个还原"舞雩咏归"文化现场的人，都是从自己的历史环境出发，就像王充难脱汉代的语境与情境一样。

不管怎样说，王充在《论衡·明雩》里面，还是给我们展现出了更多历史的真实信息：

---

[1] 何晏：《论语集解》，《四部丛刊》本，上海商务印书馆 1922 年影印版。

鲁设雩祭于沂水之上。暮者晚也，春谓四月也。春服既成，谓四月之服成也。冠者、童子，雩祭乐人也。浴乎沂，涉沂水也，象龙之从水中出也。风乎舞雩，风，歌也。咏而馈，咏歌馈祭也，歌咏而祭也。[1]

你瞧，就连涉水沐浴时像"如龙出水"一般的队形，都被王充深描了出来。王充不仅确定了具体的时节与乐人的角色，而且，"祭"无疑成了"舞雩咏归"的内核——因为从"风乎舞雩""咏歌馈祭"到"歌咏而祭"，都以"祭"一字贯之。

由此得见，曾点的行为，可能与当时在鲁国兴盛的祭祀之礼直接相关，而不仅仅是一场春游或授业活动。

所以说，曾点不是因"游玩家"而被赞，那才是玩"物"丧"志"呀，而是由于他始终是为"习礼家"！他才是真正的"乐道者"！

而此"道"，非彼道，非老庄之"自然之道"。此"道"，乃《论语》所谓"士志于道"之道。曾点恰恰因走了这个"正道"，他的一番言论才说到了孔老夫子的心坎里。徒言志，师喟叹，乃是由于师徒二人心存戚戚焉！

曾点之志，乃是"士志于道"当中的最高之道！

---

[1] 黄晖：《论衡校释》，中华书局 1990 年版，第 674 — 676 页。

"崇礼之美"的人格魅力

还是回到对"风月无边"的解说。

说了这么多，还得绕回那个故事，程颢看到他的老师周敦颐归来的故事。周敦颐"吟风弄月而归"，也就好似曾点"浴乎沂，风乎舞雩，咏而归"。大多数的宋明理学家仍是以"儒"目"儒"心来言说此事，来赞美儒学"同道"与"同仁"的。

然而，要体悟到"曾点之志"，还得取决于接受者的境界所达到的程度。陆九渊在《与侄孙睿书》中就体悟说："二程见茂叔后，吟风弄月而归，有'吾与点也'之意，后来明道此意却存，伊川已失此意。"[1]

两个兄弟，两个弟子，程颢与程颐，他们的感受竟是不同的，境界也是有差别的。这是由于，每个人的道德之境是分层次的，所以他们所能感受到的境界亦是有差异的。程颢恰恰感受到了曾点与孔子相通之处，然而，程颐却没有达到这个境界。还有另外相反的一种情况，那就是对于"曾点之志"过度阐释。

再来看"风月无边"这个词的创造者朱熹，他是如何来看曾点的？在这位理学大师的眼里，曾点竟有了自成一派的"曾点气象"！这显然是属于"阐释过度"的情况。

从理学家那里开始，曾点就被赋予了某种"气象"，而此前，则没有人如此地将曾点推上神坛。说儒生有了"气象"，似乎就说他近于圣人了。所以呢，"观圣贤气象"乃为宋明理学家所喜言。

所谓"圣人气象"，是说圣人才独有的气象，而这气象是由圣人人格生发出来的。在宋明理学那里，先有功夫而后方有乐处，由此自然形

---

[1]陆九渊著，钟哲点校：《陆九渊集》，中华书局1980年版，第401页。

成了圣人的气度与格局、态势与风度。所谓"孔子与点，盖与圣人之志同，便是尧舜气象也"[1]。

朱熹就这样，以"谁知乾坤造化心"之胸怀，直接将曾点"圣化"了：

> 曾点之学，盖有以见夫人欲尽处，天理流行，随处充满，无少欠阙。故其动静之际，从容如此，而其言志，则又不过即其所居之位，乐其日用之常，初无舍己为人之意。而其胸次悠然，直与天地万物上下同流，各得其所之妙，隐然自见于言外。[2]

这种说法让人惊讶！毫无疑问，这就将"曾点气象"推向了理学的至上高峰，也毋庸置疑，这巅峰也就是理学家生命理想的穷究之处。所以说，朱熹所求的"仁之全体"正是此境，须识得此处才会有"本来生意"。

在"天理流行，随处充满"的场景里面，曾点之身中与心内都充满了"美、大、圣、神"的光辉，这简直就是孟子所说的"充实之谓美"！

曾点内在的道德光辉被放射了出来，而与天地相往来，这不就是朱熹赞美周敦颐的"风月无边"吗？周敦颐所吟之风与所弄之月，都因这般天地境界而"无边无际"了。正如陈献章所描述的那样："无内外，无终始，无一处不到，无一息不运。会此则天地我立，万化我出，而宇宙在我矣！"[3]

北宋儒生邵雍所谓"不出户庭，直际天地"[4]，所以才叫"风月无边"！

然而，无边并不是无极，而是在无边与有边之间，形成了有无相生的关联。这也就是江右学派儒生罗洪先所说的"无内在可指，无动静

[1] 朱熹：《四书章句集注》，中华书局 1983 年版，第 131 页。
[2] 朱熹：《四书章句集注》，中华书局 1983 年版，第 130 页。
[3] 陈献章著，孙通海点校：《陈献章集》中华书局 1987 年版，第 217 页。
[4] 邵雍著，郭彧整理：《邵雍集》，中华书局 2010 年版，第 413 页。

可分"之极境，也就是"所谓无在而无不在"。[1]致力于弘扬心学的南宋儒生杨简，他说得更为明显："天地有象、有形、有际畔，乃在某无际畔之中。"[2]此言说到了点上。

然而，这些崇"理"而非崇"礼"的理学家，在将孔子及曾点的形象推到了"神圣"的地位之上。以朱熹为代表，他们把曾点之志过度道德化了，而程颐则没有把握到风月而归的"审美化"意味，只有在程颢那里，美与善之间才是水乳交融、绝无隔阂的。

这种活泼泼的意味，在后代儒生那里，透过理学对孟学的阐发，特别到了明朝就被体会为"舞雩趣味"。正如明代儒生陈献章所说的那样：

> 舞雩三三两两，正在勿忘勿助之间。曾点那些儿活计，被孟子一口打并出来，便都是鸢飞鱼跃。[3]

但历史的实情，究竟是怎样的呢？

法国汉学家格拉耐的考证，变得更加明确也更加狭窄了。在他的还原里，既没有歌先王之歌的内容，也没有如龙般出水的形式。"舞雩咏归"的唯一目的即祈雨（而非布道），仪式的主要部分乃过河（而非沐浴）：

> 春天的季节（尽管时间有所变化，但无论如何也在春服做完之时）为了乞雨而在河岸进行祭礼。祭礼由两组表演者参加，进行舞蹈和歌唱，然后以牺牲和飨宴而告终。仪式的主要部分是渡河。[4]

---

[1] 罗洪先：《念庵罗先生集》卷一《答蒋道林》,《四库全书存目丛书》集部第 89 册，齐鲁书社 1997 年版，第 491 — 492 页。

[2] 杨简：《慈湖先生遗书》，山东友谊出版社 1991 年版，第 963 页。

[3] 陈献章著，孙通海点校：《陈献章集》卷五上册，中华书局 1987 年版，第 217 页。

[4] [法] 格拉耐著，张铭远译：《中国古代的祭礼与歌谣》，上海文艺出版社 1988 年版，第 150 页。

尽管，我们无法真正还原历史的活动现场，其实也没有任何人能做到（从王充到我们都是不同时代的"还原者"而已），但无论根据"祓除"还是"雩祭"的记载，曾点之志在于进行关乎"礼"的崇高化的活动，这基本上还是可以肯定的。

　　我们而今体会，孔子在《论语·先进》所说的"咏而归"倒更像是"咏而馈"，不是唱着歌而归返，而是返回后喝酒吃肉。这可是个大差异，"咏而归"重在描摹心境，"咏而馈"重在实用满足。

　　从"归"到"馈"，理由何在？一方面，据《经典释文》解："归"，"郑本作馈，馈酒食也"，"馈"应为"进食"之意[1]；另一方面，国学大师王国维也考证《论语·阳货》曰："归孔子豚，郑本作'馈'，鲁读'馈'为'归'，今从古。"[2]大概是说，鲁国的方言读法，使得后人将"馈"当成"归"了。

　　由此而论，如果当"归"讲，那么曾点所描述的，就是一场愉悦经验由始至终的完成过程，所谓"乘兴而来，尽兴而归"也。如果当"馈"来说，那么曾点活动的着眼点恐怕就落在祭礼之上。

　　在"舞雩咏归"之后，随着历史的流逝，祭的内涵虽未被沉积下来，但是礼的"外壳"却存留了下来。现在看来，这可能更符合古本《论语》的原意。

　　用更简单的话来说，曾皙由于"明古礼"而被孔子所赞赏，而其他三位则因"无志于礼"而不被认可，这才是"吾与点也"的真意！

　　所以说，孔子赞美曾点是"习礼之人"而非"游乐之徒"。孔子对曾点这种内心深处的认同，其核心就在于祭礼之"礼"，而非单纯的"审美"，中国人的审美从来不是"为审美而审美"那样的纯粹。

　　在孔子看来，曾点所向往的乃是"崇礼之美"，美附庸于礼而并不独立于礼，这是一种"危乎高哉"的人格魅力。

---

[1] 陆德明：《经典释文》卷二四《论语音义》，《四部丛刊》本，上海商务印书馆 1922 年影印版。

[2] 王国维：《观堂集林》卷四，《书论语郑氏注残卷后》第 1 册，中华书局 1959 年版，第 172 页。

"礼者履也"之生活艺术

"礼"，这个词原本是何意？

《说文解字》里面说得很清楚：

> 礼，履也。所以事神致福也。[1]

"礼"，一义是履行，履而行之；二义关乎祭祀，"事神"与"致福"是也。

这意味着，从本意上来说，"礼"首先是"践履"。"履，足所依也"，"礼"当然就如走路那般而有所依循，"凡有所依皆曰履"也。但这只是字义的一个方面。

另一方面的含义为，"礼"脱胎于"祭"，从历史形成来看，中国的教是为礼教，同样也是源于巫史，但较之其他文明，华夏文明更早地将巫理性化从而形成礼制。正如古文字学家段玉裁所言："礼有五经，莫重于祭，故礼从示。"[2]

"示"是礼字的左半部。这个偏旁，它大概所显露的是对神所"示"的敬意行为。"礼"字里面所包孕的"敬神"之义，崭露出了礼的历史根源。

再来看右半部。作为繁体字的"禮"，它的右部，上"曲"下"豆"，形似盛放食物的器皿，实乃"行礼之器也"。如此看来，"礼器"更是要"行履"的，是在行礼过程当中被使用的。很有可能是造字的古人因为看到了这些祭器而发明了这个字。

---

[1] 段誉裁注，许慎撰，许惟贤整理：《说文解字注》，江苏凤凰出版社 2007 年版，第 3 页。

[2] 段誉裁注，许慎撰，许惟贤整理：《说文解字注》，江苏凤凰出版社 2007 年版，第 3 页。

"礼"的英文，往往译成 Rite 抑或 Ritual，将"礼"类比于西方宗教的那种仪式、典礼与惯例。中国的古礼——升、降、斋、筮、朝、觐、盥、馈、冠、婚、丧、祭、朝、聘、乡、射——无疑都是有一定成规的礼仪活动，甚至被看作繁文缛节。

然而，"礼"只是中规中矩的规约吗？为何中国人总是将礼与乐并提？

在所谓的"克己复礼"当中，行礼者当然要规范自己并符合于礼，这是没问题的。但与此同时，《礼记》里所记载的那种"言语之美，穆穆皇皇""朝廷之美，济济翔翔""祭祀之美，齐齐皇皇"[1]，却显露出行"礼"过程当中的充沛"美"意。

清末名流辜鸿铭，这位先是全盘西化，后又皈依本位文化的著名文人，在大家都剪掉辫子之后，却又梳起了小辫。他居然一反西学的普遍译法，而坚持将"礼"翻译为 Art，也就是艺术！

于是，孔子所说的"礼之用，和为贵"当中的礼之行，就被翻译成"the practice of art"，也就是"艺术的实践"。可是，艺术往往是自发的，当"以礼节之"之类强调礼的规范的时候，辜鸿铭则将"礼"翻译为"the strict principle of art"，意为"艺术的严格原则"。

赞同辜鸿铭的也大有人在。《生活之艺术》是周作人的一篇名文。其中，这位大作家就认定："生活之艺术这个名词，用中国固有的字来说便是所谓礼。"

他认同国外学者斯谛耳博士所言，中国古人之"礼"并非空虚无用的一套礼仪，而是养成"自制与整饬"的动作之习惯。而且，唯有能"领解万物感受一切之心"的人，才有这样安详的容止。所以说，"礼"在这个意义上才是 Art。这种生活艺术，在有礼节、重中庸的中国本来就不是什么新奇的事物。

所谓"生活之艺术"就是"微妙地美地生活"。生活被分为两种：

---

[1] 郑玄注，孔颖达疏，吕友仁整理：《礼记正义》中册，上海古籍出版社 2008 年版，第 1393 页。

焦秉贞《孔子圣迹图·学琴师襄》清代 现藏于美国圣路易斯美术馆

> 动物那样的，自然地简易地生活，是其一法；把生活当作一种艺术，微妙地美地生活，又是一法：二者之外别无道路。[1]

由此看来，道学家们倡导禁欲主义，反倒助成纵欲而不能收调和之功。礼教才是僵硬而堕落之物，而原本的"礼"，虽节制人欲但却养成自制习惯，充满了中国人本有的生活智慧：在禁欲与纵欲之间的调和。

礼，就是一门"生活的艺术"；"行礼"，就是在践履这种"生活的艺术"。

孔子的生活本身，都充满了生生之"美"意。

从孔子小时开始，"为儿嬉戏，常陈俎豆，设礼容"[2]，到他开始广收门徒"教之六艺"，直到晚年"西狩获麟"而感叹"吾道穷矣"。其实，孔老夫子毕生都在实践着"礼"的生活艺术，孔子本人也达到了"通五经"而"贯六艺"的境地。

正是这位至圣先贤，"习礼于树下，言志于农山，游于舞雩，叹于川上，使门弟子言志，独与曾点。……由此观之，则平日所以涵养其审美之情者可知矣"[3]。

---

[1]周作人：《生活之艺术》，《语丝》1924年第1期。

[2]司马迁：《史记·孔子世家》，中华书局1963年版，第1906页。

[3]王国维：《孔子之美育主义》，《教育世界》1904年第1期。

这一下子，就说出了孔子一生所做的五件事，其日常生活始终不离于"审美之情"。

第一是"树下习礼"。

说的是，孔子率弟子周游列国的时候，途经宋国的东门外，在一棵巨大的檀树下习礼作乐。孔子师徒之所以过宋国而不入，乃是因宋国大司马桓魋报复孔子说其"速朽"，孔子恐遭其报复。即使在如此艰难的情况下，孔子仍不忘演习礼仪，可能主要是祭祀殷人的始祖商汤（因商丘一带乃商汤发祥之地）。这说明，孔子毕生都已在践履礼仪，乐始终也是与礼并行的，这就是所谓的"礼乐相济"。

第二是"农山言志"。

孔子与子路、子贡、颜回游于农山，让三人各言其志。子路说，要在国难时，奋长戟，率三军，在钟鼓隆隆、旌旗飘飘的战场上力战却敌，为国解难。孔子赞：勇士哉！子贡说，要在两军对垒之地，身着缟衣，头戴白冠，陈说白刃之间，解两国之患。孔子又赞：辩哉士乎！颜回笑而不语，孔子也让其言志，颜回说，愿得明主相之，广施德政，使家给人足，永无战事。孔子最心仪的当然是施"礼乐之治"的颜回。

第三是"游于舞雩"。

这就是前面所说的"舞雩咏归"，但"游"这个字，却点明了祭礼过程确实是令人愉悦的。这与第五"独与曾点"说的其实是同一个故事，通常称为"吾与点也"。

第四是"叹于川上"。

"叹于川上"，无疑就是那句"子在川上曰：'逝者如斯夫，不舍昼夜'"。这是孔夫子对于时间发出的感叹，生命流逝就如流水，令人思绪万千，但真义仍在于以水喻君子之德："以其不息者，似乎道之流行而无尽矣。水之德若此，是故君子必观焉。"老子似乎站在天上说"上善若水"，孔子脚踏实地在说"逝者如斯"，天地大道，气化流行，生生不息。孔子并不因水逝而消极，他仍执着于践行自己的"礼乐之志"。

孔子的这一辈子，习礼作乐、郁郁从周，积极出仕、以堕三都，周游列国、四处行道，编纂六经、杏坛教学，却只给后世留下一部记载言行的《论语》，而不像春秋战国诸子那样著书立说以求不朽，他到底

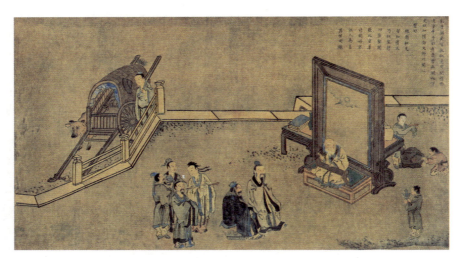

焦秉贞《孔子圣迹图·问礼老聃》清代 现藏于美国圣路易斯美术馆

要干什么？

　　答案是唯一的：孔圣人并不是要立言得不朽，就像西方哲人那样去追寻真理，而是要对人们的生活指引方向。假如孔子本人就是位哲学家的话，要知道，哲学的本意就是"希求智慧"，那么，他关注的乃是生活智慧的哲学。

　　孔子的哲学，就是作为一种生活方式的哲学。

　　孔子的观点是要践行与经验的，不仅是知，而且要行。所谓"孔子之学全在乎身体力行。孔子之学是实践乎人生大道之学"[1]。

　　"孔子的观点是实实在在地在日常生活中被感觉、被体验、被实践、被践履的。孔子关注于如何安排个人的生活道路，而不是发现'真理'。"[2]中国智慧在于照亮生活之路，而西方哲学则重于真理的发现。

　　所以说，孔子才是"知行合一"的鼻祖，所谓"践仁履礼"正是此意。

---

[1] 梁漱溟：《思索领悟辑录》，《梁漱溟全集》第八卷，山东人民出版社 2005 年版，第 34 页。

[2] [美] 安乐哲、罗思文著，余瑾译：《〈论语〉的哲学诠释》，中国社会科学出版社 2003 版，第 5 页。

乐发乎情与"礼生于情"

"践仁履礼"是笔者在山西古院所见的匾额所书，它言说了孔子要做的两件事：一个是行"礼"，另一个是践"仁"。

"习礼于树下"，是行"礼"；"言志于农山"，是赞"礼"；"游于舞雩"与"独与曾点"，同是崇"礼"。似乎孔子的生活都是不离于"礼"的，但孔子只是以自己为表率遵循与规约了自古即有的"礼"，而他自己更重要的贡献，乃是开启了——为"仁"之学。

仁，是孔子的独特发现。

这个字，大家总以为是"两个人"的意思，儒家本来就关注"人际之间"嘛，所以"人与人之间情同一体为仁"[1]。但新近发掘的竹简却发现，"仁"字的另一个古写法则是"身"上"心"下，其中又有身心融合为一之义，这就迥异于西方自古希腊而来的以心脑来统领身体的路数。

在孔子的生活那里，行"礼"与践"仁"，究竟是什么关系呢？

孔子没有直接说出的东西，我们在1993年10月发掘出来的竹简上，却得到了某种明示。这批珍贵的竹简是在湖北荆门市郭店一号楚墓当中发现的。其中，被定名为《性自命出》的段落说：

> 仁，内也；礼，外也。礼乐，共也。

一句话，仁是内在的，礼是外在的，礼与乐是共在的！

这就同《论语·八佾》所谓"人而不仁，如礼何""人而不仁，如乐何"，又何等近似！孔老夫子又曾说："礼云礼云，玉帛云乎哉？乐云乐云，钟鼓云乎哉？"礼不仅指玉帛而言，乐也不仅指钟鼓而言，礼与乐

---

[1] 梁漱溟：《思索领悟辑录》，《梁漱溟全集》第八卷，山东人民出版社2005年版，第36页。

都不能流于形式。

礼，乃是孔子外在所行的；仁，那是孔子内在所养的。即使是祭祀于庙堂之高，那也是外在地"施礼"，即使是隆隆乐舞之盛，那也是外在地"作乐"，而都非内在地履"仁"。孔子将自己门派的开端，就定位在"仁"的感性基石之上。

在孔门儒学看来，关键是——让人成为人的——那种人文化成之"仁"的提升。"仁生于人"，郭店楚简的这四字，似乎只说对了一半，另一半则是"仁濡化人"。

中国古人常常以"体与用"关系论之，仁为礼之体，礼为仁之用，礼乐与共，所以乐也是仁之用。

郭店楚简又记："礼，交之行述也；乐，或生或教者也。"礼是交往行为的次序，乐则是生出人心或用作教化的。孔子关注的乃是外在的礼，如何伴着乐，成为人人内在自觉的"人心"，也就是秉承了"仁心"的人心。

实际上，中国人的人生观是"人心"本位的。"孔子讲人生，常是直指人心而言。由人心显而为世道，这是中国传统的人生哲学，亦可说是中国人的宗教。"[1]但是，儒家却并不是宗教，而是一种准宗教，此乃由于"礼乐使人处于诗与艺术之中，无所谓迷信不迷信，而迷信自不生。……有宗教之用而无宗教之弊；亦正唯其极邻近宗教，乃排斥了宗教"[2]。这实际上就是"以审美代宗教"的中国"人心"传统。

所以说，上面说到的"吾与点也"，关键即在于，曾点由外在的礼体会到了内在的"仁"意，所以才会有如沐春风般的"美感"与尽兴而归的"快意"。

孔子的一生，都在行之于"礼"、践之以"仁"，同时也在不断地

[1] 钱穆：《孔子与心教》，《钱宾四先生全集》第46册，联经出版事业公司1998年版，第31—32页。

[2] 梁漱溟：《儒佛异同论》，《中国文化与中国哲学》，东方出版社1986年版，第443页。

习乐与演乐。

那么，"乐"的功能何在呢？"乐"如何与礼相配？

乐的基本功能，在于"情"，乐发乎情，又陶养情。

所谓"夫乐者，乐也，人情之所不能免也"。这是说，乐关乎情，无情则无乐，有情必有乐。只有在汉语里面，乐既是音乐之"乐"，又是愉悦之"乐"，二者在古人所撰的儒家《乐记》那里，就被通用与贯通起来。

乐也是"情"的外化形式，"情动"发而为音：

> 凡音者，生人心者也。情动于中，故形于声。声成文，谓之音。

这便是中国人独特的"主情"的音乐起源论，人心生音，情动而发，声而成文，音乐遂成。乐音的初起，皆因人心感物而动，感而遂通，故而成声。

更有趣的是，"声""音""乐"，在中国传统乐论那里，早已被界分分明：

> 哀乐之情，发见于言语之声，于时虽言哀乐之事，未有宫商之调，惟是声耳。……次序清浊，节奏高下，使五声为曲，似五色成文，即是为音。此音被诸弦管，乃名为乐。[1]

但无论怎样说，"情"才是真正的感动者，才是直接的感动者，无论是"情发于声"所指出的"情"要被动地以声传达出来，还是"情形于声"所指出的"情"要主动地显现于声当中，最终都是说要"使情成声"，进而化作音，再配上乐，从而成为音乐，但这种"乐"实仍是诗乐舞合一的。

从历史上看，礼与音乐合体的传统，并没有坚持多久。孔子所倡

---

[1]陈澔：《礼记集说》，中国书店1994年版，第318页。

导的原始儒家的"礼乐相济"的理想，随着"乐"的衰微与"礼"的孱弱，在后代得到了转化。

这种转化就在于，从礼与作为"音乐"的乐的统一，转到了礼与作为"愉悦"的乐的合一，也就是"礼"与"情"的合一。

礼乐相配的"乐"，终将被"情"所取代，这既有历史的原因——"乐"逐步被取代抑或泛化——也有思想上的依据。"乐"背后的深度心理乃为情："乐"足以陶冶性情，而"乐"对于人而言的内在规定，就在于"性感于物而生情"之"情"。

在原始儒家之后，乐不仅与礼逐步分殊了，而且，在后代的发展当中更多地脱离了宫廷体制，这究竟是为什么呢？

有的人认为，作为"经"的《乐》亡于秦始皇的焚书坑儒，还有的人坚持认为，《乐》并非经，而只是附着《诗》后的乐谱而依于礼。

如果，《乐》经被焚，那么，为何就文本而言六经当中唯独缺失了《乐》经呢？如果，乐只是谱，那也说明了，乐的实施难以为继：一方面，是乐的演奏和颂咏没有流传下来；另一方面，乐只是在文本的意义上与礼相匹配了。

所以说，无论是从历史还是思想上看，"情"较之"乐"都成了更为根本、更为长久的儒家文化元素。正如"礼乐相济"一样，"礼"与"情"也是融会贯通的，但其中的"情"既是依据了生活践履之"礼"的"情"，亦即践行之"情"，又成了生活常情之"情"，亦即生存之"情"。

总之，"礼乐相济"的儒家传统，到后来被转化为"情礼合一"的孔孟主流。

礼也是如此，礼与情竟如此相系，就像情与乐相关一样。"礼"所以被深谙国学的辜鸿铭翻译为 Art，那也是由于中国人的礼本身早已浸渍与弥漫了"人情"，素所谓"天道远，人道迩；尽人情，合天理"[1]；而那无情的礼，只能走向道学家那种僵化的禁欲主义。

---

[1] 邵雍著，郭彧整理：《邵雍集》，中华书局 2010 年版，第 447 页。

遗憾的是，自宋明理学以来，情始终被斥为"欲"而遭人唾弃，但郭店楚简却说出了儒家的本真之义：

> 礼作于情，或兴之也。
> 礼因人之情而为之。
> 情生于性，礼生于情。

无论是礼自然性地"生"于情，还是人文化地"作"于情，抑或"因"循情而随之，都强调礼的内在根基就在于得喜怒哀乐之"情"，而"兴"恰恰就说明了这种"情"的勃发和滋生的特质。

尽管先秦时代"情"与"欲"难分，但二者的关系还是得到了妥当的处理。情包含欲，欲乃情的底层，如楚简所说"欲生于性，虑生于欲""念生于欲"之类，即是证明，原始儒家对于情欲关系，还是有公正的态度与看法的。

然而，自从汉儒力主"性"善"情"恶之后，中国儒家就走向了"以性制欲"的大路，因抑"欲"而贬"情"成了主流。直到明清之际的王夫之那里，才重新寻求到了正确的情感结构，"性"在情之上，"欲"在情之下，这种三层动态结构，进而被归纳为"故情上受性，下授欲"。[1]

总而言之，孔门儒学的礼与乐，都是发自"情"的。孔子的"仁"本身，就是浸渍情感性的，这是孔子独特的人性论使然，楚简所谓"情生于性，礼生于情"，就是明证。

原来，儒家的生活美学，就是以"情"为本的。

"情感动于衷而形著于外，斯则礼乐仪文之所从出，而为其内容本质者。儒家极重礼乐仪文，盖谓其能从外而内，以诱发涵养乎情感也。必情感敦厚深醇，有抒发，有节蓄，喜怒哀乐不失中和，而后人生意味

---

[1] 王夫之著，王孝鱼点校：《诗广传》，中华书局 1981 年版，第 23 页。

绵永乃自然稳定"[1]，真可谓"情深而文明"！

"情深而文明"这句话，本出自《礼记·乐记》：

> 是故情深而文明，气盛而化神，和顺积中而英华发外，唯乐不可以为伪。

《礼记》本意是说"情"发于极深的生命根源，当它勃发出来使生命充实就会"气盛而化神"，从而流溢出"乐"的节奏形式。它的基本内涵就指向了人文化的实践，所谓"乐为德华，故云文明"是也。

只有"情深"方可"文明"，"情"的实施，乃是儒家之美善得以形成的内在动因，由此才能进行"成人"的文明化的践行。

---

[1] 梁漱溟：《儒佛异同论》，《中国文化与中国哲学》，东方出版社 1986 年版，第 441 页。

生命历程以"深情践仁"

回到孔子的《论语》。

《论语》是孔子言行的"近真写照",尽管看似驳杂零乱而无系统可言,但是,读毕全书,孔子活生生的生活形象,却栩栩然跃于纸上。

> 在那里,孔子是普通活人,有说有笑,有情有欲,也发脾气,也干蠢事,也有缺点错误,并不像后儒注疏中所塑造的那样道貌岸然,一丝不苟,十全十美,毫无瑕疵。……学生们也一样是活人,各有不同气质、个性、风貌、特长和缺点。[1]

被圣人化与传奇化的孔子,从汉代开始,就被打扮成一位不食人间烟火与没有人间情愫的教主或者神人,他的门徒也是如此,特别是门下七十二位贤人中在《论语》里面被提到的那些。但此乃大大的曲解,也是大大的遗憾。

孔子《论语》的主要特色,恰恰在于其所勾画出来的孔子,乃是一位有血有肉、有情有义的仁者,甚至称孔圣人为"性情中人",似乎也不为过。

性与情,往往被联用为"性情"或者"情性"。但奇怪的是,首度将两字合一的,却是道家学派的扛鼎之作《庄子》。走自然主义路线的道家,自然反对崇尚礼乐的儒家,并批驳道:"性情不离,安用礼乐?"[2]

但这种对于儒家的批判,却会有些让孔子自己感到受了委屈。在孔门儒学那里,"性"也是自然的,它乃人的内在所本有的善性,只有当触物而动方能外化为情,所谓"喜怒哀乐之气"乃是"性","及其见于外"就生出喜怒哀乐之"情"。

---

[1] 李泽厚:《论语今读·前言》,三联书店 2008 年版。

[2] 陈鼓应:《庄子今注今译》中册,中华书局 2001 年版,第 247 页。

"情"是人们基本的悲喜、好恶、哀乐的真实呈现，情真才能显露出"性"。整部《论语》所描绘的孔子形象之所以是可信的，乃是由于，孔子本人就是如此"真性情"的人！

郭店楚简也说"信，情之方也。情出于性。""信"乃致情之方，只有如此，"情"才能出于自然本性之"性"，因而"礼"才能由此发自于"情"。

如果再将孔子的礼乐传统加上，我们可以大致地说，起码在孔子本人那里，"性、情、乐、礼"形成了一脉相承的思想逻辑，孔子不是"寡情"而是处处"深情"的。

那么，毕其一生，孔子如何深情地来践行"仁"道呢？如何真正还原孔子的真形象呢？

这就要喜、怒、哀、乐话孔子。《中庸》有云："喜怒哀乐之未发，谓之中；发而皆中节，谓之和。"这种对于情感"未发与已发"的寻求，其实指向的是"喜怒哀乐中节而止"的中和之态。

孔子之"喜"从何来？

首先就是学习。

《论语》开篇就是关于学习的《学而》，大家耳熟能详。首句就是"学而时习之，不亦说乎"，次句便是"有朋自远方来，不亦乐乎"。孔子这里的"学"，所学的本身乃是"演习"礼乐、"复习"诗书等包孕审美内蕴的典籍，最终的目的，还是在于塑成"完美的人"。

在孔子那里，无论是时常温习还是会见友朋，通过所学与所交的，都要达到的是一种带有"审美性"的高级"悦乐"。诚如现代学者马一浮所阐明：

> 悦、乐都是自心的受用。时习是功夫，朋来是效验。悦是自受用，乐是他受用，自他一体，善与人同。故悦意深微而乐意宽广，此即兼有《礼》《乐》二教义也。[1]

---

[1] 马一浮：《论语首末二章义》,《马一浮集》第一卷，浙江古籍出版社 1996 年版，第 28 页。

学习是自得其悦，交友是与他人乐，这才是孔子所喜的。学习只是生活的第一步，学又与教相对，作为教育家的孔子最常从教学里面获得喜悦。每当看到学生有所进阶之时，孔子就会表露出喜悦之情，这是值得注意的。

子贡问孔子："贫而无谄，富而无骄"，如何呢？孔子答曰："贫而乐道，富而好礼"岂不更好？子贡再问：这就是《诗经》所说"如切如磋，如琢如磨"吗？孔子欣喜学生能有此长进，就此可以与子贡论《诗》了。还有一次，孔子提到"绘事而后素"，意为先有白底而后有画，子夏接着问：这不就是说，礼乃后起的吗？孔子非常欣慰，并认为学生对自己也有启发：仁先于礼并重于礼，仁心乃是礼的"底子"，所谓教学相长是也。

孔子之"怒"从何来？

那就是"违礼僭乐"。

孔子向往郁郁周道，自认所生的春秋时代，真乃礼崩乐坏的时代。每当看到周礼不行的时候，孔子总是深感愤慨。有一次竟达到了"是可忍也，孰不可忍"的极怒状态。这是因为，他看到了这样的违背礼乐之事：鲁大夫季氏竟敢用天子的礼乐等级行八佾乐舞于庭上，这事在《论语·八佾》一开头就被提及，可见孔子的愤怒程度给编撰者印象之深。

当然，更多的时候，孔子面对不合礼仪之事而心生怒意，他内心的准则是出于"仁"之道。我们沿用至今的许多成语，都是来自这些孔子所亲历的故事。当宰予白日睡觉而疏于学道，孔子怒其不争而责曰："朽木不可雕也！"当看到用俑来殉葬，孔子甚至怒骂道："始作俑者，其无后乎？"当子路未答叶公之问孔子的时候，孔子也会大为不满，并责备子路说：难道你不知道我是"发愤忘食，乐以忘忧，不知老之将至"的人吗？就连"礼坏乐崩"这个词，也来自宰予问孔子"三年之丧"是否太长了的对话，在这段对话的最后，孔子还怒而斥这位弟子"不仁也"。

孔子之"哀"从何来？

那主要是人之死也。

孔子始终关注于"人"，当家里马厩发生火灾，他退朝而归，所问的第一句就是："伤人乎？"人的死亡，就成了孔子"大悲大哀"之根源。据《论语·述而》所记，孔子在有丧事的人家吃饭，不曾吃饱过，他因为悲哀而停止了礼乐之歌。在《论语》里面所记最多的，就是孔子心爱的一位又一位弟子，先他离世而去的时候，孔子一次又一次发出白发人送黑发人那种悲痛欲绝的哀声。

这种悲哀的最高潮，出现在最中意的弟子颜回早逝之时，孔子甚至对天疾呼："噫，天丧予！天丧予！"其爱也深，其哀也深，仁者爱人是也！孔子面对所崇敬之天发出如此的呼号，可见其哀！哀莫大于心死，孔子甚至感喟，颜回之死乃是"天亡我也"，因为其学其说每个弟子都未能得其全面，真乃后继无人也！当孔子本人感到自己"人之将死"之时，还会感叹"久矣吾不复梦见周公"，这又是缘何呢？因为，人生将终，仁道不行，这恐怕是孔子所能感到的那种最深层的大哀吧！

孔子之"乐"从何来？

那就是"天地境界"。

可见，在孔门儒学那里，无论是喜，是怒，还是哀，都无法高于此等的"乐事"！

"孔颜乐处"的天地境界

谈"儒家之美"，本章即从"孔颜乐处"开始谈起，穷究其"所乐何事"。

孔子就是这样来描述颜回之"乐"的：

> 子曰："贤哉，回也！一箪食，一瓢饮，在陋巷，人不堪其忧，回也不改其乐。贤哉，回也！"（《论语·雍也》）
>
> 子曰："饭疏食，饮水，曲肱而枕之，乐亦在其中矣。不义而富且贵，于我如浮云。"（《论语·述而》）

这就孔子所认为的人生的幸福。

这种幸福的选择，是孔门儒生的个体选择，并不是民众的共同选择。中国人的幸福观念，似乎可以追溯到"福"的观念，所谓"五福：一曰寿，二曰富，三曰康宁，四曰攸好德，五曰考终命"。这是儒家《尚书·洪范》里面的记载，那是"诗云时代"的共同取向，但到了"子曰时代"，却有了不同的个体化的抉择。

"一箪食，一瓢饮"，说的是饮食之少；"饭疏食，饮水"，说的是饮食之贫；"在陋巷"，说的是住居之困；"曲肱而枕之"，说的是住居之穷。其实，说的都是物质生活质量是低下的，处于"富且贵"的反面。尽管如此，颜回也"不改其乐"，仍乐在其中。

有趣的是，在孔子赞美颜回为贤者时，还说了"人不堪其忧"。这就揭示了中国古典思想的"忧乐圆融"的架构，也就是"通天下之忧乐"的儒家架构：

> 仁者在己，何忧之有？凡不在己，逐物在外，皆忧也。
> "乐天知命故不忧"，此之谓也。若颜子箪瓢，在他人则忧，

而颜子独乐者，仁而已。[1]

儒家思想的生发，是出于生活的忧患意识，不过儒家是发于忧患而要求加以救济，所忧患的是天下国家，关注的生发点仍是人的生活价值。在终极所求上，儒家经由"乐"所求的"大乐与天地同和"，皆指向了"乐志乐神"的极境，这也接近于现代哲学家冯友兰所论的"天地境界"。

按照冯友兰的阐释，有了"天地境界"的人，对于宇宙人生就已有了完全的了解，因为"知天"乃"事天"的前提，而且，这种了解才是对宇宙人生的最终觉解。因此，"天地境界"使得人生获得了最大的意义，使得人生获取了最高的价值，这也是乐道者所能获得的最佳的酬答。

然而，仅仅将孔颜乐处视为"天人之乐"，还是不够的。这是由于，"天人之乐"是作为孔颜乐处的顶层设计而存在的，但它并不能走向那种一尘不染的超感性生活。在这个意义上，朱熹对于孔颜乐处之道理的阐发，实在是高蹈于太玄，从而失去了现实的根基：

> 这道理在天地间，须是直穷到底，至纤至悉，十分透彻，无有不尽；则与万物为一无所窒碍，胸中泰然，岂有不乐！[2]

与朱熹的理解相反，在根基的层面上，那种以"七情之正"为标准的世俗之乐，恰恰构成了孔颜乐处的基础部分，但并不会走向那种为欲所驱的非理性生活，而诸如提出"童心说"的李贽那样的狂儒，恰恰是为了反驳天理人欲而提出的。

心学祖师王阳明在答门人欲求"孔颜真趣"时说得好："心之本体，虽不同于七情之乐，而亦不外于七情之乐。"[3] 更有甚者，直接将这种乐

---

[1] 程颢、程颐著，王孝鱼点校：《二程集》，中华书局 2004 年版，第 352 页。

[2] 黎靖德编，王星贤点校：《朱子语类》，中华书局 1986 年版，第 795 —796 页。

[3] 王阳明：《王阳明全集》卷二《答陆原静书》，上海古籍出版社 2006 年版，第 70 卷。

处当作了"即体即用"的快活:"所谓乐者,窃意只是个快活而已。岂快乐之外复有所谓乐哉?生意活泼、了无滞碍,即是圣贤之所谓乐。"[1]

孔颜乐处,既不是超感性的生命,也不是非理性的生活,它将理性与感性融会起来,它不离生活又趋向生命,它既以德为"基",又以美为"顶"。

后世的儒生们,都在追求这种"孔颜乐处"。以北宋儒生邵雍做个例证吧,《宋史》里面就记载了他的风度与风神:

> 雍岁时耕稼,仅给衣食。名其居曰"安乐窝",因自号安乐先生。旦则焚香燕坐,晡时酌酒三四瓯,微醺即止,常不及醉也,兴至辄哦诗自咏。春秋时出游城中,风雨常不出,出则乘小车,一人挽之,惟意所适。士大夫家识其车音,争相迎候,童孺厮隶皆欢相谓曰:"吾家先生至也。"[2]

这种孔颜乐处,显示出儒家的知与行构成了一门独特的"生活美学",曾点之乐也是如此。在孔门儒家那里,孔颜乐处与曾点之乐往往被视为一体,所谓"鼓瑟鸣琴,一回一点。气蕴春风之和,心游太古之面"[3]。早在1904年,国学大师王国维发表的《孔子之美育主义》一文里,有句可谓一语中的之语:

> 今转而观我孔子之学说。其审美学上之理论虽不可得而知,然其教人也,则始于美育,终于美育。[4]

这就像《论语》开篇即言"悦""乐",以感性化为始,直到"孔颜乐处"为穷究之处,又以感性化为终。孔子的整个生活大美学,可以

[1] 黄宗羲:《明儒学案》卷三十四,中华书局2008年版,第791页。

[2] 脱脱等:《宋史》卷四二七,中华书局1977年版,第12727页。

[3] 陈献章:《陈献章集》卷四,中华书局2008年版,第275页。

[4] 王国维:《孔子之美育主义》,《教育世界》1904年第1期。

说，皆为从审美开始，以审美终结，而且都与"成人"的理想相关。

从审美开始，其实乃是"兴于诗"；以审美终结，实际就是"成于乐"；中间担当起来两端的，则为"立于礼"。所以说，孔子才为后人排出如此的逻辑顺序：兴于诗，立于礼，成于乐。

"成于乐"，透出孔子一生对古礼乐的追求。《史记·孔子世家》曾记孔子学鼓琴于师襄的故事，记述了孔子在学鼓琴时境界的层层提升：亦即从"习其曲""习其数""习其志"直达"得其为人"的高境。与此同时，孔子更乐于倾听古乐，在齐地听《韶》乐时竟"三月不知肉味"，赞《韶》"尽善尽美"，并叹之曰："不图为乐之至于斯也。"

在孔子的知行合一那里，人生就是这样的一个"深情践仁"的生命过程，《论语·为政》将这种生命历程记载了下来：

> 吾十有五而志于学，三十而立，四十而不惑，五十而知天命，六十而耳顺，七十而从心所欲，不逾矩。

孔子的确是从学礼乐开始的，随着年岁增长，生命逐层丰满与完善，直至达到了"从心所欲不逾矩"的自由状态。

在《论语集释》里面，论述到这一生命历程的时候，曾引明儒顾宪成的《四书讲义》说："这章书是夫子一生年谱，亦是千古作圣妙诀。"[1] 该阐释认定，孔子自十五志于学至四十而不惑，是"修境"；五十知天命，是"悟境"；六十耳顺至七十从心，是"证境"。

唯有到了"证境"的最高处，才能"顺心而为"，才能"自然合法"，"动念不离乎道"，这岂不是一种建于德境之上的"审美至境"乎！

这种"从心所欲而不逾矩"的生命境界，就是"儒家之美"的极致！圣人之境，凡人是难以企及的，但是在审美高境那里，或许才有了"人人皆可成圣人"的通途！

---

[1] 程树德著，程俊英、蒋见元点校：《论语集释》，中华书局 1990 年版，第 79 页。

焦秉贞《孔子圣迹图·在齐闻韶》清代 现藏于美国圣路易斯美术馆

第二章 从『鱼乐之辩』到『道化之美』

得至美而游乎至乐。
——《庄子》

逍遥一世之上，睥睨天地之间。
——仲长统《乐志论》

游心太虚，骋情入幻，振翮冲霄，横绝苍冥。
——方东美《原始儒家道家哲学》

"以出世的精神，做入世的事业"，这是许许多多中国人的人生观。

儒家主导的生活，刚性进取，它是自强不息的动力源；道家倡导的生活，柔性如水，它是身心无为的慰藉剂。

这儒道互补的生活智慧，在中国人那里，其实就构成了外儒而内道的结构。

道家是最天然的"生活美学"，它千百年来照亮了中国人的生活之路。"道家以自然为宗，其自然即指生命之自然，其所云生命又涵括宇宙万有为一大生命也。"[1]

---

[1] 梁漱溟：《思索领悟辑录》，《梁漱溟全集》第八卷，山东人民出版社 2005 年版，第 30 页。

"濠梁观鱼"总有两般心胸

杭州有处名胜玉泉，位于仙姑山北翼的青芝坞口，旧有寺庙，名清涟寺。

自宋朝开始，玉泉池当中就被放养了鱼，中国人总能从鱼的摆尾悠游当中，感受到万般的自由。"玉泉鱼跃"，早已成为西湖十八景之一，有古诗咏玉泉当年的胜景云：

> 寺古碑残不记年，池清景媚且留连。金鳞惯爱初斜日，玉乳长涵太古天。投饵聚时霞作尾，避人深处月初弦。还将吾乐同鱼乐，三复庄生濠上篇。[1]

还有宋人题有一副楹联，刻于池畔亭柱上，上联"鱼乐人亦乐，未若此间乐"，下联"泉清心共清，安知我非鱼"。明代书画大家董其昌也深得人与鱼融合之感，他也题联道："鱼有化机参活泼；人无俗虑悟清凉。"

无论是古诗的"吾乐同鱼乐"，还是楹联的"鱼乐人亦乐"，都是源自《庄子·秋水》里面的一段千古典故：

> 庄子与惠施，他们同游于濠水桥上。
> 庄子先曰：那小白鱼从容地游出，这是鱼之乐呀！
> 惠子对曰：你非鱼，怎知鱼之乐？
> 庄子答曰：你非我，怎知我不知鱼之乐？
> 惠子辩曰：我非你，固然不知你；你固然不是鱼，你就不知鱼之乐，那是显然的呀！

---

[1] 王世贞：《玉泉寺观鱼》,《西湖天下丛书》编辑部编：《西湖诗词》，浙江摄影出版社 2013 年版，第 74 页。

李唐《濠梁秋水图》（局部）宋代 现藏于天津博物馆

　　庄子终曰：请回到开头。你说"你怎知鱼之乐"云云，既然已经知道我知之，你还问我，那么，我在濠水桥上就知鱼之乐了。

　　这就是著名的"濠梁观鱼"的故事。

　　其中，那段论辩，便是"鱼乐之辩"。两人各执一词，谈锋睿智，真乃妙趣横生也！庄子所抒发的南华神理，未必占了理，但却充满哲思。

　　庄子与惠子之辩，正是审美家与逻辑家的争辩。

　　首先，他们真都是论辩的高手，将诡辩的艺术，发挥到了极致。一个说，你不是它，它是鱼，你怎知它的乐？另一个说，你又不是我，虽然我是人，它是鱼，你怎知我不知它的乐呢？这是论辩的内核。

　　惠子说的是：我与它之间的关系，是难以同情的。起码对于他来说，持一种不可知论的态度：庄子你又不是鱼，你根本不能知道它的乐，这从逻辑上是说得通的。

　　庄子反驳说：我与你之间的关系，是可以同情的，同样，你与它之间的关系，也是可以同情的，这是一种"独与天地精神往来，而不敖倪于万物"的情怀。

　　惠子进而怀疑道：我不是你，所以不知你，但你也不是鱼，鱼之乐你一定不知。惠子好似一位严谨的逻辑家，一步一步进行平行推导：既然，人与人之间都难以同情理解，那么，人与鱼之间则更难以沟通与共振了。

庄子最后的答辩，与惠子的知识分析和环环推论相比照，似乎倒更像是诡辩论：既然开始你就说了我知鱼之乐，那就证明，你已经知道了我知鱼之乐了，我们之间又争辩个什么劲呢？

整个"鱼乐之辩"就此结束，以庄子的审美压倒惠子的认知而告终。论辩双方的差异在于，"庄子偏重美学上的观赏，惠子则重在知识上的判断。庄周论鱼乐，实乃出于艺术家心态之观照"[1]。

通过"濠梁观鱼"的千古名篇，我们就得到了进入到道家生活美学的"楔子"。

"观鱼之乐"的心胸，乃是回返到事物本身去赏其美意，这就是庄子所说的"游心于物之初"。鱼只是万物的表征而已，但却能"情以物兴"，进而达到人与鱼同乐的境界，从而使得"物以情观"，这就是人与天地万物的审美化的融会与心灵化的交往。

这种"物我往来"的审美心态，在中国文化的审美传统当中俯拾皆是：刘勰《文心雕龙》的"情往似赠，兴来如答"，宗炳《画山水序》的"含道映物"与"澄怀味象"，王昌龄《诗格》的"目睹其物，即入于心；心通其物，物通即言"，都是言说这种审美交往。

庄子在告诉我们，如何以审美化的心胸去与万物同春，人要欣赏万物的"美""情"与"悦"，进而获得一种物我同心与万物齐一的大美感。

一方面，"天地有大美而不言"，这是针对万物本身的自然运作而言的，也就是天地大道的环圜运动自有美意；另一方面，"独与天地精神往来"，这则是针对人本身的"体道"过程来说的，人"道"回归于天"道"而冥契为一。

---

[1] 陈鼓应：《老庄新论》，商务印书馆 2008 年版，第 312 页。

潘天寿　《濠梁观鱼图轴》　1948 年　现藏于潘天寿纪念馆

"法自之道"的践行之道

"道"是什么呢？道家之"道"，究竟是什么呢？

"道"，在中文那里，首先有道路之义，类似于英文的 Way，也有言说之义，也可翻译为 Say。英文著作也一般将"道"直译为 The way 或 path，抑或引申为 natural order（自然的秩序抑或规则）。

所谓"道可道，非常道"。《老子》这开篇的意思是说，道是可以言说的，但是并不是寻常的道呀。再体会老子的意思，可能潜台词是说：我在这里所说的道，可不是你们通常所说的道呀。

早有汉学家指出，这里的道，不是陆地上的"道道儿"，而其实应为"水之道"。[1] 老子自己也大讲"上善若水"。这就是"水之道"与"德之端"的合璧问题，老子五千言也被唤作《道德经》——"道"之"德"之"经"。

但是，道之"德"，绝对不是指道之"德行"，许多英文版《道德经》都将"德"误译为 Virtues（属人的品德），那就完全从伦理主义曲解了道本身的"德"。其实，这个"德"，言说的乃是老庄之道的各种属性与其显现，而非属人的德行，就像《庄子·天地》篇说的，"通于天地者，德也"。

老子的整部《道德经》，说的乃是"道之隐"与"德之显"的关系：道是内隐之核，德是外显之象，前者通过后者而显现，所谓"孔德之容，惟道是从"。[2]

然而，"道可道"这再简单不过的三个字，居然还有另外的解法。"道"，按照从春秋到战国的古代汉语用法，当它作为动词用时，实多指

---

[1] 艾兰著，张海晏译：《水之道与德之端：中国早期哲学思想的本喻》，上海人民出版社 2002 年版，第 73—74 页。

[2] 陈鼓应：《老子今注今译》，商务印书馆 2003 年版，第 156 页。

老子像

"践行"，道实乃"走道"的意思。

在这个意义上，"道"的深意，乃在于有规可循。"道可道"，它的新解是说，道是可以被按照规律遵循的，照此而论，道家的道，就不是"常道"抑或"恒道"了，而指向了一种人们的"生活方式"。

"道"，作为一种天地之内的最高存在，给予中国人的生活之路以智慧的指引，而道家的智慧，则是让中国人对不可道之大道加以趋近与亲和。

众所周知，哲学的本意就是"爱智慧"或者"希求智慧"。假如我们用现代汉语的方式，说老聃与庄周提供给中国人的乃是某种哲学的话，那么，这种哲学也是作为一种"生活形式"而存在的，它无需高蹈于形而上的虚境。

所以说，"道"就是践行之"道"，是中国人所践履的一种基本生活方式。老庄的哲学，仍是"生活的哲学"，而不是"玄思的哲学"。

"道"这个字，是由"首"和"辶"共构而成的，如果望文生义的话，那么似乎也可以说，道既是一种首要的运行方式，也是一种首要的践行方式，真是道不远人！

从宇宙论的高度，道家之"道"，已被老庄描述为亘古宇宙的始源，它是先于一切存在的存在。所以，道乃"天下始""天下母"，一切皆由"道生之"，"道生一，一生二，二生三，三生万物"[1]，而后才有了世间千变万化的事物，从而与"易"相通。

现代的巴哈伊教认为，"万教归一"，无论是上帝、佛祖，还是穆罕默德，都是一个神的分身而已。老庄则没有陷入神创论的窠臼，更未执迷于迷信的空洞，而力求找到诸神之前的那种混沌的宇宙存在，认为它才是一切之一的最原初的"大在"。

老子最有名的名言，恐怕就是"道法自然"了。如果你去过道教圣地青城山，你会发现，许多影壁的白底之上，都大书特书这四个字。

道法自然，往往被从古至今的人们所误解，好似自然就是现在意义上的"大自然"了。中国国家博物馆曾有个重要展览，就叫作"道法自然"，然而，展出的却是美国大都会博物馆的关于呈现自然的艺术品，英文原名为"Earth, Sea and Sky"（大地、海洋与天空）。

道所法的，并不仅仅是天地自然，因为道乃是先天地而生的，其怎能取法于自己的后果？道正是如此，"寂兮寥兮，独立而不改，周行而不殆"。

道所法的，乃是自然存在的方式，自然存在不是天地存在，而是"自自然然"的存在方式。道乃是"自道"或者"道自"的，也就是依循自身的存在方式而自然得以运作的，这方为运行于天地万物之中的"大道"。

"人法地，地法天，天法道，道法自然"[2]——这才构成"道法自然"的原本语境。如果前三句都是三个字的话，那么，最后也很可能是三个字——"道法自"。末端的"然"一字，则意在让这种"法"之程

[1] 陈鼓应：《老子今注今译》，商务印书馆 2003 年版，第 233 页。
[2] 陈鼓应：《老子今注今译》，商务印书馆 2003 年版，第 169 页。

序自我运作去吧！

　　人法地之"地"，可能比较接近于天地自然，它构成了人的生活的大环境。地法天之"天"，则指向了有了"天意"的运行规律，自然遵循之而生灭。但天最终还要法"道"，这种道成了一切规律的授予与调控者。然而，作为一切的本源之"道"又该效法什么吗？

　　按照《道德经》的逻辑，既然天地都法了道，道哪里还有可能再返身遵循天地自然呢？所以说，"道法自己"才是老子的本意。在道家的创始者那里，不仅"天"与"地"被划开了，而且，"自"与"然"也是可以被分开的。

　　然而，表面上看，老庄是让"人道"循"天道"，但实际上，所有一切都具有整一性，所谓"道通为一"就是这个意思。而且，任何意义上的道，都是需要人来践行的，所以说，法自之"道"，最终仍是中国人的践行之路。

"道"似无情却"有情"

"道"，是与万物为一的，那么，万物又该如何？

这就要回到庄子的《齐物论》，哲学味最浓的那一篇。

从"道论"的角度观之，万物本是齐一的，这是庄子的世界观。"天地一指也，万物一马也"，并不是说，天地都等于一个指头，万物都同于一匹马，而是说，万物皆"道"，它们是一体。天地再大，也可做一指观，万物再多，也可当一马看，因为，道使之"内通"为整一。

这种齐物精神，从人融入"大道浑化"的角度来看，那就是"天地与我并生，万物与我为一"的伟大精神。这意味着，参与"道化"之人，必洞夫万物之情，而洞物莫如"顺化"，所以才走向了"物化"，"不如两忘而化其道"，遂形如槁木而心如死灰。

问题是，如此这般之"道"，如此这般之"人"，到底是"有情"，还是"无情"的？是"有情反被无情恼"，还是"有情世界无情人"？

> 惠子问庄子："人故无情吗？"庄子答："是。"惠子问："人而无情，何以叫作人？"庄子答："道给人以貌，天给人以形，怎不能称为人？"惠子问："既然称之人，怎么无情呢？"庄子答："这不是我所谓之情。我所谓的无情，乃是说人不以好恶来内伤其身，常顺因自然而不人为的益生。"惠子问："不去益生，怎能有他的身呢？"庄子答："道给人以貌，天给人以形，不要以好恶来内伤其身。如今的你，却在耗你的心神，劳你的精力，倚树而吟唱，靠案几而休息。天授予你以完美之形，你却仍以'坚白之论'而自鸣！"

由此看似，庄子真乃一位无情论者，至少也是寡情主义者，但事实上，恰非如此。

庄子首先承认，人是无情的。但，情是为人所"有"的，人若无情，还是人吗？庄子进而认为，人当然是人，但人的貌是道给的，人的形是天赋的。关键就在于，如何理解庄子所说的"情"。这个"情"到底是什么情呢？

庄子所向往的，其实是另一种清净无为的"情态"，称之为"大情"也无不可。庄子所认定的"无情"，并不是摒弃了人的喜怒哀乐之感情，而是顺于天运而毫不人为的身心安顿。恰恰乃是"因自然"，才能无伤身心，这才是真正的"法天而贵真"呀！

在这个意义上，庄子的后学们对于孔门儒学进行了尖锐批判。从庄生的角度来看，儒家所推重的仁义礼乐那一套的形式，问题恰恰就出在其"虚情假意"上面，从而"失其性命之情"。所以，从"忘仁义"到"忘礼乐"，由此才能走向庄子所向往的"坐忘"状态。翻过来，再从儒家之基调，来同情地理解庄子的无情："情之正曰性情。情之贼曰情欲。'无人之情'者，无情欲之情，非无性情之情也。"[1] 如果说庄子是崇尚"真性情"的，那么说得也没错。

实际上，考据由庄子本人完成的《庄子》内七篇，核心的文本就是《养生主》。过去人们总是将头篇《逍遥游》作为庄子美学的"自由"鹄的，认为"美在自由"，但是，庄子的生活美学的的确确以"养生"为主。养生的自由，应为生活之蒙养里所滋生出来的"自"由，即"自得其得，自适其适"。"性者，生之质也"，养生犹言"养性"，而非世俗意义上的养生。

从《庄子》的整个布局谋篇来看，第一篇《逍遥游》来深描主观的"自由"，第二篇《齐物论》来阐明客观的"齐一"，直到第三篇《养生主》，才终将物我双方归之于"养生"。在庄子心目当中，养生的"神人"的情态，乃为"不食五谷，吸风饮露，乘云气，御飞龙，而游乎四海之外"。[2]

庄子的养生之道，合乎自然，顺乎自然，无思无为，身心恬淡。所

[1] 钟泰：《庄子发微》，上海古籍出版社 2002 年版，第 126 页。
[2] 陈鼓应：《庄子今注今译》，商务印书馆 2007 年版，第 28 页。

周臣《北溟图》（局部）明代 现藏于美国纳尔逊－阿特金斯美术馆

谓"游心于淡，合气于漠，顺物自然而无容私焉，而天下治矣"[1]。嵇康也有《养生论》，其中说"故修性以保神，安心以全身。爱憎不栖于情，忧喜不留于意，泊然无感，而体气和平"[2]，这就是庄子"大情"之状。

庄子自己真实的生活，《庄子》里面记载得不多，但是一则"鼓盆而歌"的故事却广为人知。这个故事是说，庄子的妻子死去的时候，惠子去吊丧，竟然看到庄子蹲在那里鼓盆而歌。当庄子面对惠子的质疑之时，他却表现出一种超越生死的洒脱态度。

在失去亲人之时，庄子却不为"小情"所困，但在面对人类整体之时，庄子却以一种"大情"对世界充满了爱，此乃"恒物之大情也"，

[1] 陈鼓应：《庄子今注今译》，商务印书馆 2007 年版，第 251 页。
[2] 戴明杨校注：《嵇康集校注》，中华书局 2015 年版，第 220 — 230 页。

而对自己，亦要安其"性命之情"之道。魏晋时代，玄学关于圣人"有情还是无情"，就有一场旷日持久的争论，庄周的"情本主义"的一面被极力彰显了出来。

这种道家玄学的"情本主义"，特别是在六朝的重情之风里面得以突显，起码从个人性情的现实趋势来看，"有情论"无疑最终占据了上风。所谓"有生则有情，称情则自然，若绝而外之，则与无生同。何贵于有生哉？"[1]"有情论"者如王弼、阮籍、嵇康，认定圣人并非"无心""无情"，"无"乃是情感均和的假象而已；"无情论"者如何晏与郭象，认为圣人内心是无情之"空"。空的观念来自佛学。道家本是有情论，佛家则是去情论。

所谓"喜怒哀乐，虑叹变慹，姚佚启态"，这皆为庄子对人情的精妙的描述，它们是"心境牵连于得失，引动各种情绪的反复。虑是忧虑，叹是感叹，变是反复犹豫，慹是怖惧，姚是轻浮躁动，佚是纵放不羁，启是外露不收敛，态是装模作样"[2]。但在庄子看来，它们都好似是"乐出虚"之幻声，好似是"蒸成菌"之幻形而已。

"乐出虚"之乐，如果当音乐之"乐"讲，那就是说，乐声要发出来，就须通过内虚的、中空的乐器，这就是"人籁"的问题。在庄子看来，"人籁"仍是低级的，从"地籁"到"天籁"才是高级的。"籁"的本义来自箫，所以籁本来就是人的，而庄子所论地与天之籁皆从"人籁"推说出来，但"天籁"才是庄子真正青睐的。

这就要回到庄子所论的"天籁—地籁—人籁"。

[1] 向秀：《难养生论》，见戴明杨校注：《嵇康集校注》，中华书局 2015 年版，第 258 页。

[2] 牟宗三讲述，陶国璋整构：《庄子齐物论义理演析》，中华书局 1998 年版，第 30 页。

"咸其自取"的天籁之声

在《齐物论》的开篇，庄子就谈到了"人籁""地籁"和"天籁"之分。在这种"天—地—人"的基本构架里，提出了著名的"窍喻"，这个桥段的美感，很难用现代汉语翻译出来：

> 南郭子綦隐机而坐，仰天而嘘，荅焉似丧其耦。颜成子游立侍乎前，曰："何居乎？形固可使如槁木，而心固可使如死灰乎？今之隐机者，非昔之隐机者也。"
>
> 子綦曰："偃，不亦善乎，而问之也！今者吾丧我，汝知之乎？汝闻人籁而未闻地籁，汝闻地籁而未闻天籁夫！"
>
> 子游曰："敢问其方。"
>
> 子綦曰："夫大块噫气，其名为风。是唯无作，作则万窍怒呺。而独不闻之翏翏乎？山陵之畏佳，大木百围之窍穴，似鼻，似口，似耳、似枅、似圈，似臼，似洼者，似污者。激者、謞者、叱者、吸者、叫者、譹者、宎者、咬者。前者唱于而随者唱喁。泠风则小和，飘风则大和，厉风济则众窍为虚。而独不见之调调之刁刁乎？"
>
> 子游曰："地籁则众窍是已，人籁则比竹是已。敢问天籁。"
>
> 子綦曰："夫天籁者，吹万不同，而使其自己也。咸其自取，怒者其谁邪？"[1]

按照庄子的精妙比喻，那些山陵的高下盘回和百围大树的窍穴，有的像鼻子，有的像嘴巴，有的像耳朵，有的像梁上的方孔，有的像杯

---

[1] 陈鼓应：《庄子今注今译》，商务印书馆 2007 年版，第 43 — 44 页。

乔仲常《后赤壁赋图卷》（局部）北宋 现藏于美国纳尔逊－阿特金斯艺术博物馆

圈，有的像舂臼，有的像深池，有的像浅洼，（这些窍穴中发出的声音）有的像湍水冲激的声音，有的像羽箭发射的声音，有的像叱咄的声音，有的像呼吸的声音，有的像叫喊的声音，有的像号哭的声音，有的像深谷发出的声音，有的像哀切感叹的声音。前面的风声呜呜地唱着，后面的风声呼呼地和着。小风则相和的声音小，大风则相和的声音大。[1]

这种乐首先是"天籁"，是自然的乐；其次是变化的乐；再次则是最切近心灵流动的乐。庄子说过："以虚静推于天地，通于万物，此之谓天乐。"[2] 这种音乐般的时间意识，或者说对"变"与"易"之生生不已的关注，使得"中国人不是向无边空间作无限制的追求，而是'留得无边在'，低回之，玩味之，点化成了音乐"[3]。

如此看来，一种节奏化的行动，在庄子的"窍喻"里非常明显。这不正是一种"变化于无为"的"变"吗？一方面是"窍穴"的空间的"万端变化"，另一方面则是风吹过万窍的"无穷变化"。这种变化是极富音乐感的，当来自众窍的不同的声波传到耳中，恰恰构成了一种变幻的复调音乐。

[1] 译文参见陈鼓应：《庄子今注今译》，商务印书馆 2007 年版，第 51 页。

[2] 陈鼓应：《庄子今注今译》，商务印书馆 2007 年版，第 397 页。

[3] 宗白华：《中国诗画中所表现的空间意识》，《宗白华全集》第二卷，安徽教育出版社 1996 年版，第 441 页。

在天籁的描述里面，庄子为窍穴预设了一位聆听者。这位聆听"窍之音"的主人公，却拥有另一套体味大千世界的方式。他并没有置身于"穴"的空间之内（这不仅因为"窍"往往很小而不能容身），而只是在"千疮百孔"的众窍之外来聆听。这种主人公并不直接介入空间（乃至改变空间）的方式，正是源自一种华夏民族所独有的"自然而然"的审美态度。

在庄子的"窍喻"里，主人公虽然不在"穴"内，但却真正地"无孔不入"。这是由于，虽然这位主人公没有物理性的位移，但是，他却在倾听着一种"流动的时空"。在众多的窍穴的比喻之内，主人公的"神"往往是充溢其间的，或者说，在不同的空间之间穿梭和流动着。这是由于，按照华夏民族传统的哲学和文化观念，人与万物都是天地所生，性同一源的。

如此观之，"游观"不正是来自这种"听"的体验吗？"窍喻"里风在不同窍穴里面的流转和穿梭，就有如观看风景时的人的视线流动。同时，由于窍穴本身的变化很多，更加之风吹过时的千变万化，使得这种"游观"获得了更大的自由度。比如在玩赏山水画长卷时，独特的中国式的透视并不仅仅在于从右至左地看，而且在观看的时候，还在于各个视点"远近高低各不同"，或者说是自由游弋的，因而也是自然游移的。

由于散点透视的视点是跳跃散落在水平线上下各处的，空间因而表现出同线性透视相异的扭曲和偏离，而"画幅结构的空间进程在功能上与空间的扭曲有必然联系。而这，自然会'影响时间的流速'。由于空间扭曲，时间的运动也随之放慢了。"[1] 由这种透视所见的时空，不同于古埃及绘画中要画其"所知"的东西，也不同于古希腊雕塑要创作其"所见"的立体东西，而是要"饱游饫看"从而体悟到审美的内在意蕴。

庄子的"窍喻"里面的潜台词始终就是"气"。

---

[1] [苏] 叶·查瓦茨卡娅著，陈训明译：《中国古代绘画美学问题》，湖南美术出版社 1987 年版，第 173 页。

子綦"仰天而嘘"呼出的是"人之气","大块噫气"发出的则是"风之气",所倾听的徘徊于山陵、流动于众窍的更是"气"。"人籁"是竹箫发出的声音,依赖于"气";"地籁"是众窍孔发出的声音,依赖于"气";"天籁"乃是风吹万种窍孔发出了各种不同的声音,更依赖于"气"。可见,在"窍喻"里就重要性而言,恐怕非"气"莫属了,"窍之音"不恰恰就是"气"的表演和演奏吗?没有了"气"对这些空间的充溢,哪来的庄子所形容的那玄妙的"复调音乐"呢?总之,庄子的美学总漫溢着"气感"。

这里便存在一种双向的要求:对"气"本身属性的要求和对"感气"状态的要求。一方面,要去倾听"天籁",但"天籁"对"气"的属性则有较高的要求,"夫天籁者,吹万不同,而使其自己也。咸其自取,怒者其谁邪?"也就是说,天籁是风之气吹过万种窍穴发出了各种各样的声音,这些声音之所以能千差万别,乃是由于各种窍穴的自然而然的状态所致,难道鼓励它们发声的还有谁吗?

这里对"气"的属性的规定,就是"使其自己"和"咸其自取",也就是强调自然,自然而然地"使其自己",窍穴自己本来就是自然状态,所以能自然而然地存在。所谓"有是窍即有是声,是声本窍之自取也"[1],正是此意。

另一方面,则是对"感气"状态的要求,所谓"若一志,无听之以耳而听之以心,无听之以心而听之以气。耳止于听,心止于符。气也者,虚而待物者也。唯道集虚,虚者,心斋也"。按照庄子的"耳—心—气"的逻辑,最终要以"气"来体悟,这是由于这种"感气"状态是在"耳听"和"心感"之上的更高层级和境界。因为,止于聆听外物的耳的作用,止于感应现象的心的作用,这都是不够的。只有"气",才因"虚"而能容纳外物,由此才能达到"心斋"的状态。可见,庄子对"感气"状态的要求是达到"心斋"。

---

[1] 参见陈寿昌对"咸其自取"的解释,转引自陈鼓应:《庄子今注今译》,商务印书馆2007年版,第50页。

"唯道集虚"的气化和谐

中国传统美学主要是一种"气化美学"或者"气态美学"。这就是来自庄子道学的启示,因为庄子本人就追求"游心于淡",心之虚而无事;诉诸"合气于漠",气之静而不扰,从而达到"顺物自然而无容私焉"。

且看《庄子·人间世》这段对话:

> 颜回曰:"吾无以进矣,敢问其方。"
> 仲尼曰:"斋,吾将语若!有心而为之,其易邪?易之者,皞天不宜。"
> 颜回曰:"回之家贫,唯不饮酒不茹荤者数月矣。如此,则可以为斋乎?"
> 曰:"是祭祀之斋,非心斋也。"
> 回曰:"敢问心斋。"
> 仲尼曰:"若一志,无听之以耳而听之以心,无听之以心而听之以气!耳止于听,心止于符。气也者,虚而待物者也。唯道集虚。虚者,心斋也。"[1]

这里就出现了一种由"外"而"内"的转换。这种转换体现在两个方面:其一,当颜回求教孔子何为"斋"的时候,区分了外在的"祭祀之斋"与内在的"心斋",实现了由外而内的转换;其二,当颜回进一步追问孔子何为"心斋"的时候,从外在的"耳"转向了内在的"心",直至最终转化到了"气",实现了"耳—心—气"的转换。庄子强调,只有处在"一志"的状态中,才能不用耳去听而用心去体会,进而不用心去体会而用气去感应。耳的作用,止于聆听外物,心的作用,

---

[1] 陈鼓应:《庄子今注今译》,商务印书馆 2007 年版,第 139 页。

止于感应现象。[1]

所以要"听之以气"或者"以气听之"。在此,"听"的原初意义就被泛化了,不仅用耳朵是"听",用心去体会也是"听",甚至上升到气的层面亦是"听"。在这个意义上,正如"味"远非是生理的感受一样,"听"也是超越生理的、融入心中的,甚至能达到最高境界的感受方式。如此观之,"听"与"体味"那种"味"是近似的。庄子又有了"夫徇耳目内通而外于心知"的提法。这种使耳目感官内在通达而排除心知的方式,在一定意义上说,不就是一种综合的审美感受吗?

中国传统的审美时空意识,之所以充满了某种音乐性,就是来自这"气"之"动"。或者说,气为"动"之载体,动是"气"之动。

清代画家方薰说:"气韵生动为第一义,然必以气为主,气盛则纵横挥洒,机无滞碍,其间韵自生动矣。"(《山静居画论》)这里,他不仅指明了气"体"动"用"的本末关系,而且认为气动而"韵自生动矣",亦即气之流转会自然生成画面的乐感化的和谐。难怪明代的唐志契进而主张以"气运生动"代之以气韵生动,"生者生生不穷,深远难尽。动者动而不板,活泼迎人"(《绘事微言》)。清代的唐岱也说"有气则有韵,无气则板呆矣"(《绘事发微》),气乃是绘画动力场的"圜中"内核所在。而且,这气韵虽"意在笔先"但却"妙在画外",它"体物周流,无小无大"(《二十四画品》),从而将画面点化为灵动的空间。其实,这空间之"灵"性就是气韵之"动"的赐予,正是审美时间融化绘画空间而成的时空合体境。

气韵之"生动"就意味着宇宙生命的节奏律动,生命元气的化生不已,它要求"必须在(包括个性与表现上的)'气'、和谐度、生动性及充满活力方面皆生机盎然"[2]。是故,古典画论往往强调"凡画必周气韵"(郭若虚《图画见闻志》),创作则"气韵行于其间"(陈撰《玉

---

[1] 译文亦可参阅陈鼓应:《庄子今注今译》,商务印书馆 2007 年版,第 143 页,有所改动。

[2] 方闻著,李维琨译:《心印》,上海书画出版社 1993 年版,第 4 页。

几山房画外录》），且"必求气韵而漫羡生矣"（顾凝远《画引》），鉴赏则必先观气韵，这"周""行""漫羡生"均是"动"之流运形态。

而这"动"，就是时间融入审美空间的通途。现象学美学家杜夫海纳认为，"使绘画空间获得活力的时间多少应该属于绘画的结构……时间只有以运动的方式间接参与才有可能……运动是转向时间的那个空间的面孔"[1]。不过，中西绘画的"运动"形式却趋于不同形态。在物化空间层面上，中国绘画"笔气""墨气""色气"交织的空间所包孕之时间性，更类似于现象学所谓绘画"空间的时间化"——"有结构、有方向性"的绘画空间像是孕育着一种"在不动中完成的运动"。[2]

这意味着，这种空间是以"静"示"动"，而同情感、意象层面的时间动感相互贯通，亦即显现在"气势""气度"和"气机"（唐志契《绘事微言》）的生动变化里，显现在精神节奏所蕴含的深层意味里。然而，中国古典绘画的审美空间更是一种"虚幻空间"或"无形的意象"，它的特质就在于超验的审美时空的存在，这也就是"气韵生动"之宇宙论和生命化的内涵所在。

华夏古典文化和哲学则更为注重"虚"的一面，这"虚"是与"实"相对而出的。中国传统美学倒好像是一种务"虚"的美学，或者是"虚实相生"的美学。庄子"窍喻"里面的"窍穴"始终是空的，只有"气"方能遵循自然的节奏纳入和呼出。

在庄子的视野里，"气"始终与"虚"是息息相通的。所谓"气也者，虚而待物者也"，气正因为它自身的空和虚，所以才能容纳"物"。而这被"待"之"物"则是"实"的。这一虚一实，恰恰构成了宇宙生化的节奏。因为所有的窍孔原本都是空寂无声的，只有当气流动起来的时候，才能从"无声"处以"有声"胜。庄子显然是讲究"虚"的，讲

[1] 杜夫海纳著，韩树站译：《审美经验现象学》，文化艺术出版社1992年版，第314页。

[2] 杜夫海纳著，韩树站译：《审美经验现象学》，文化艺术出版社1992年版，第314页。

求虚实相生的变化，从而能"体尽无穷，而游无朕"。

这就奠定了华夏民族传统审美的最基本的时空意识，"此虚，非真无有，乃万有之根源。'以虚空不毁万物之实'。'虚'，宇也，空间也。'动'，宙也，时间也"[1]。如前所述，在庄子的"窍喻"里，"气"的意象反复出现。如"仰天而嘘"的"嘘"，吐气为嘘；再如"大块噫气"的"噫"，也是"吐气出声"为"噫"。当然，这里所强调的都是"吐"，有"吐"就有"纳"。"气"这个意象恐怕同人的呼吸最直接相关。

这一呼一吸的节奏，不就是一阴一阳的节奏吗？

---

[1] 宗白华：《中国美学思想专题研究笔记》，《宗白华全集》第三卷，安徽教育出版社 1996 年版，第 508 页。

"阴阳动静"的合体时空

阴与阳，动与静，究竟如何构成中国的审美时空呢？

首先，静、动与阴、阳是分别相系的。庄子所谓"静而与阴同德，动而与阳同波"，就是说，作为空间的"虚"之宇是属"阴"的，作为时间的"动"之宙是属"阳"的，这时空的相推变化，正构成了一阴一阳的交合变化。华夏传统的时空观念本身就来自其独特的宇宙时空观念。中国传统绘画亦历来讲求所谓"实处愈实，虚处愈虚"（布颜图《画学心法问答》）。

其次，时与空并未裂变而是混糅的，不像古希腊时空观那样时与空是相对分离的，而是时空两境，相推而变，共构起一种所谓"时空合体境"。

宗白华先生将中国传统审美的时空意识追溯到八卦"四时自成岁"的历律哲学：《易经·革卦》观四时之变，"治历明时"；《鼎卦》有观空间鼎象，"正位凝命"。两卦分别象征一时境一空境，并相推而变"生生之谓易"，共构起"时空合体境"。[1]

其次，这种时空还是"变"与"易"的，与欧洲传统美学对空间的感受趋于"静"态，对时间也趋于"实"的方面来理解不同，庄子赋予了时空（包括审美时空）以一种绝对变化的意义。所以说，"物之生也，若骤若驰，无动而不变，无时而不移"[2]。就中国传统绘画而言，这种"变易"具体显现在："山水间烟光云影，变幻无常，或隐或现，或虚或实，或有或无，冥冥中有气，窈窈中有神，茫无定象，虽有笔墨莫能施其巧。"（布颜图《画学心法问答》）

---

[1] 宗白华：《形上学——中西哲学之比较》，《宗白华全集》第一卷，安徽教育出版社 1996 年版，第 624 — 633 页。

[2] 陈鼓应：《庄子今注今译》，商务印书馆 2007 年版，第 493 页。

华夏传统的审美观，主要持一种"道"的时空观或"气"的时空观。中国传统的审美时空意识，则主要来自"道"的时空观，或者说，是"道"的时空观与"气"的时空观的某种融合。

自然界中原存的"气"，保持着一种万物流动的自由状态，它本身的蒸腾和冉冉状态，乃至阴阳之气的互推变化，都是为华夏传统时空意识提供了载体。这种时空意识要"变化于无为"，并在"虚"的层面直接与道、气和空的宇宙本体贯通，庄子所谓"唯道集虚"正是此义。《管锥编》曾写道："老子贵道，虚无因应，变化于无为。按'因应'者因物而应之也。"[1]虚无因应（时）意指道家虚无也是"因时为业"，顺应自然无为而行的。确实，老子贵因时，庄子更以顺遂时宜为美，这就为空间的随时而化、须臾变幻因素之倾注提供了空场。

具体到绘画，这类时间意识就凸显在绘画美学虚无相生的"虚"、计白当黑的"白"之中。"凡山石之阳面处，石坡之平面处，及画外之水天空阔处，云物空明处，山足之杳冥处，树头之虚灵处"皆可留"白"空"虚"，它可"作天，作水，作烟断，作云断，作道路，作日光"（华琳《南宗抉秘》）。但是，画面的虚实并不是截分两极的，而是虚实相互生成，因为"通体之空白即道体之龙脉也"。这样，气脉一道流贯于画内画外，使绘画审美空间趋向灵动之势，"凡山皆有气脉相贯，层层而出，即耸高跌低，闪左摆右，皆有余气连络照应"（布颜图《画学心法问答》）。

最终，可以说，中国传统美学的时空观是一种生命时空观。"中国先哲所体认的宇宙，乃是普遍生命流行的境界"[2]，"根据中国哲学，整个宇宙乃是由一以贯之的生命之流所旁通统贯"[3]。因而，中国传统美学所推崇的虚、空、白也并非"无有"，而是宇宙生命的绵延生气业已贯注于其间，这都是与"道"相通的。

---

[1] 钱锺书：《管锥编》第一卷，中华书局 1979 年版，第 311 页。

[2] 方东美：《中国人生哲学概要》，学生书局 1980 年版，第 44 页。

[3] 方东美：《原始儒家道家哲学》，台湾黎明文化事业公司 1985 年版，第 21 页。

"逍遥乐道"的乐生之美

　　道家对中国艺术产生了重要影响，但是，这种对艺术的影响，乃是通过对人生的影响而起作用的。这也就是说，道家塑造了中国人特别是文人的宇宙观、世界观与人生观。

　　首位道家生活美学的集大成者，乃是东汉末期的仲长统，他真正地将"道化之美"的诸原则彻底贯彻到自己生活的方方面面当中。

　　正是这位超凡人物，年轻时就游学四方，放诞无忌，"与交友者多异之"，"时人或谓之狂"，从而成为一介狂生。仲长统明指俗士之俗，"天下士有三俗：选士而论族姓阀阅，一俗；交游趋富足之门，二俗；畏服不结于贵尊，三俗"[1]。东汉末世衰乱，使得许多正直之人面对"世俗行事"而"发愤叹息"，面对那些世族姓氏与门第富贵的传统势力，而独自走了一条生活美学之途：

> 使居有良田广宅，背山临流，沟池环匝，竹木周布，场圃筑前，果园树后。舟车足以代步涉之艰，使令足以息四体之役。养亲有兼珍之膳，妻孥无苦身之劳。良朋萃止，则陈酒肴以娱之；嘉时吉日，则亨羔豚以奉之。蹰躇畦苑，游戏平林，濯清水，追凉风，钓游鲤，弋高鸿。讽于舞雩之下，咏归高堂之上。安神闺房，思老氏之玄虚；呼吸精和，求至人之仿佛。与达者数子，论道讲书，俯仰二仪，错综人物。弹南风之雅操，发清商之妙曲。逍遥一世之上，睥睨天地之间。不受当时之责，永保性命之期。如是，则可以陵霄汉，出宇宙之外矣。岂羡夫入帝王之门哉！[2]

---

[1] 马总：《意林》卷五引《昌言》语，《四部丛刊》本，上海商务印书馆 1939 年版。

[2] 范晔撰，李贤等注：《后汉书》卷四十九《仲长统传》，中华书局 1973 年版，第1644 页。

刘贯道《消夏图》元代 现藏于美国纳尔逊－艾特金斯艺术博物馆

杨世昌《崆峒问道图》金代 现藏于故宫博物院

仲长统著有《昌言》，全文已散佚，清代严可均于众多典籍中广为搜求，集录其断章残篇，汇于《全后汉文》。其中亦有这篇小文，被命名为《乐志论》，表白了仲长统所向往的惬意人生与旷达之志。

这篇《乐志论》大致可以转成现在汉语如下（尽管许多的韵味在其中业已丧失）：使居住有块良田，有间广宅，背靠山麓，面临流水，环绕沟池，竹树广布，前有菜圃，后有果园，有船车可以代步，足以让四肢安顿而不疲。侍奉双亲有珍馐百味，妻儿也无辛苦劳顿。良朋好友相聚，陈出美酒佳肴共享娱乐；吉日良辰，则烹猪宰羊来敬奉。悠游漫步于田园，游戏于林野平原，濯足于清溪，追逐于凉风，钓游动之鲤鱼，射高飞的大雁。吹风乘凉在舞雩之下，吟咏回到高堂之内。在房内静养安神，反思老子的玄虚之学；呼吸保精谐和，追求至人一般的样子。与合道者数人，论道讲书，上观天文，俯察地理，错综人物。弹奏着南风之雅操，发出清商的妙曲。逍遥这一世之上，睥睨这天地之间。不受当时的责难，永远保养天年。如此这般，就可以想象走出云霄，飞出宇宙之外，哪还羡慕什么进入帝王之门！

仲长统的这种"人生艺术化"与"审美化人生"，当然是奠基于一定的经济基础之上，有着相当的田产家业，能够保障生活丰饶，衣食无忧。然后，再追求居室的美学、饮食的美学、游乐的美学、学问的美学与音乐的美学，同样成为娱乐的中介，从肉体至精神，达成道家的逍遥游之至境。这种生活的理想，显然可以作为中古文人的心声，进而可以放大为中国古代文人的整体美学追求。

只可惜，我们现在只能通过文字来想象仲长统的总体生活，没有任何图绘的资料可以让我们怀古，但是，元代画家刘贯道的《消夏图》简直可以被视为古代文人审美生活的真实写照！

《消夏图》所描绘的审美空间，乃为植着芭蕉、梧桐和竹子的庭院，这些植物都是古人所钟爱赏玩的。画的正中，一位具有"道家风范"的文士赤上身，卧榻上，持麈尾，拈书卷，并作自我冥思状。这位超逸的高士，甚至被许多史家认定为阮咸，也就是那位"任达不拘"的竹林七贤之一。

无论《消夏图》所描摹的是阮咸与否，高士身后的桌与榻相接处所置那一乐器，应该都映射这位高士就像阮咸那样"妙解音律，善弹琵琶"——"阮咸"如今早已成为我国弹拨乐器的名字，因为阮咸善弹此器。画中主人的审美生活兴趣并非一件乐器所能穷尽，其榻后方桌上陈有书卷、砚台与茶盏之属，精美至极。

在这幅画的后部，绘有另一屏风画卷，画中居然还有一山水屏风，真乃"画中有画又有画"，这就是古典绘画的"重屏图"。其中，一老者坐于榻上，文房之美齐备，一小童侍立于侧，两侍者似在准备茶事，好一幅夏日纳凉的审美画卷！

从仲长统开始的这种美学追求，无疑是先秦道家开启的，又在魏晋玄学时代大兴。仲长统在这个意义上，就好似个转折人物，既将道家生活美学集于一身，又开启了后世的魏晋生活玄风。仲长统是追求道家的"逍遥"与"无待"的，而力主"叛散五经，灭弃风雅"，从而离经叛道，倡导一种独立品性与人格。魏晋六朝的越"理"任"情"、"越名教而任自然"之风尚，似乎从东汉末年已有滥觞。元人吴师道所论即为明证：仲长统"得罪于名教甚矣。盖已开魏晋旷达之习，玄虚之风。"[1]

仲长统的道家人生观，可以用此诗来明志：

> 飞鸟遗迹，蝉蜕亡壳。腾蛇弃鳞，神龙丧角。至人能变，达士拔俗。乘云无辔，骋风无足。垂露成帏，张霄成幄。沆瀣当餐，九阳代烛。恒星艳珠，朝霞润玉。六合之内，恣心所欲。人事可遗，何为局促？[2]

更有趣的是，仲长统不仅思想上接受了"道家"，而且在践行上亦受"道教"影响。"仙人"的观念与行为，在仲长统那里又都是存在的，这也与"养生"内在相关："嗽舌下泉而咽之，名曰胎食。得道者，生

---

[1] 吴师道：《吴礼部诗话》，《续修四库全书》第 1694 册，上海古籍出版社 2002 年版，第 531 页。

[2] 仲长统：《见志诗》，逯钦立辑校：《先秦汉魏晋南北朝诗》第 1 册，中华书局 2017 年版，第 205 页。

六翮于臂，长毛羽于腹，飞无阶之苍天，度无穷之世俗。"[1] 从养生学角度看，随着舌头上卷嗽动，舌根的玉液与金津两穴分泌唾液，它就犹如母胎中给予婴儿的胎食。仲长统"成仙得道"的描述虽不足取，却透露出他道家思想的践行之根。

这种"思老氏之玄虚"与"求至人之仿佛"的人生理想，似乎有了更多的理想化成分。现实中的隐逸总是清苦的，能耐得住那种"苦"而又得其"乐"的人实在不多，因此，在这个意义上，陶渊明似乎是唯一的。可以说，"中国只两次描绘了人间天国。一个是陶渊明做的桃花源，一个是《红楼梦》中的大观园"[2]。前个山中的桃花源，后个墙里的大观园，两处时隔千年，中有诗星如昼，从魏晋时期的阮籍和嵇康、唐代的李白，再到明季的山人野士，莫不如此。

[1] 马总：《意林》卷五引《昌言》语，《四部丛刊》本，上海商务印书馆 1939 年版。
[2] 顾城：《〈红楼梦〉翻读随笔》，《北京文学·中篇小说月报》2007 年第 9 期。

"庖丁解牛"的技近乎道

庄子里面有一个"庖丁解牛"的故事，往往被后人用以言说艺术创作，对于艺术技艺的掌握，就好似庖丁解牛达到了某种高境，中国人一般称之为——"技进乎道"。

将庖丁比喻为一位艺术家，将解牛的进程视为艺术创造的过程，这样的例证，真的是不胜枚举。根据苏轼的记载，子由写一篇《墨竹赋》给文与可说："庖丁解牛者也，而养生者取之；轮扁斫轮者也，而读书者与之。今夫夫子之托于斯竹也，而予以为有道者则非邪？"[1]庖丁解牛本是养生之道，但是，画人却将其意蕴寄托在竹画上，并深得其"道"之"理"。

然而，庖丁解牛言说的，原初并不是"艺术创作"的美学规则，而是"生活生长"的审美规律。

这段故事，被汉学家翻译成法文，又由法文翻译回来：

> 庖丁为文惠君解一头牛。他或手触牛体，或是以肩膀顶住牛躯，或是双腿立地用膝盖抵住牛身，都只听哗哗的声响。他有节奏地挥动牛刀，只听阵阵霍然的声音，仿佛是在跳着古老的《桑林舞》或者鼓奏着《经首曲》。
>
> 文惠君叹道："佩服！技术居然可以达到这种程度！"
>
> 庖丁放下刀回答说："您的臣仆我所喜好的不是技术，而是事物之运作。我刚开始做这一行时，满眼所见都是一整头牛。三年以后，所看到的就只是一些部分而已。而到了现在，

---

[1] 苏轼：《文与可画筼筜谷偃竹记》，俞剑华编著：《中国古代画论精读》，人民美术出版社 2011 年版，第 442 页。

我只用心神就可以与牛相遇，不需要再用眼睛看了。我的感官知觉已经都不再介入，精神只按它自己的愿望行动，自然就依照牛的肌理而行。我的刀在切割的时候，只是跟从它所遇到的间隔缝隙，不会碰触到血管、经络、骨肉，更不用说骨头本身了。……在碰到一个骨节的时候，我会找准难点，眼神专注，小心谨慎，缓慢动刀。刀片微微一动，牛身发出轻轻的'謋'的一声就分解开来，像泥土散落掉在了地上。我手拿牛刀，直立四望，感到心满意足，再把刀子揩干净收回刀套里藏起来。"[1]

关键就在于这段的翻译，"您的臣仆我所喜好的不是技术，而是事物之运作"，原文本是"臣之所好者，道也，近乎技矣"。法国汉学家毕来德认为，"道"的核心内涵就是"物之运作"。"物之运作"作为合"天"的活动，"是指必然的、自发的活动，在某种意义上也是非意识的，要高一级"，而人所从事的则是故意的、有意识的活动，那是低一层的。[2] 于是，人要合于天，人的操作要合于物的运作，进而最终合于"天运"。所谓"能有所艺者，技也。技兼于事，事兼于义，义兼于德，德兼于道，道兼于天"[3]。

庖丁解牛所深描的，就并不是超出生活的创生过程（如艺术创作），而就是我们日常生活当中的普普通通的学习经验的过程。这里的"经验"是人们一切有意识的基础，只是我们非常熟悉这一基础，以至于根本不在乎与注意它，然而这种离我们非常之近的经验，却被庄子所体察了出来。"庄子给出了我们所缺乏的范式，使我们能够把之前分散的许多现象聚合起来、组织起来，还能够通过别的观察去加以补充，进而以一种崭新的视野来理解我们的一部分经验。我们所有的有意识的

[1] 毕来德著，宋刚译：《庄子四讲》，联经出版公司 2011 年版，第 5—6 页。
[2] 毕来德著，宋刚译：《庄子四讲》，联经出版公司 2011 年版，第 33 页。
[3] 陈鼓应：《庄子今注今译》，商务印书馆 2007 年版，第 347 页。

活动，从最简单到最复杂的都不例外，其学习过程都经历过这些个阶段。"[1] 从学习骑自行车到学习一门外语，都必然经历这样的生活经验习得过程。

这些阶段，就是解牛的必由阶段。解牛所解的并不是真牛，乃是"生活之牛"，它充满着一种生活智慧。开始是满眼都是一只完整的牛，最终是未曾再见过完整的牛。"以神遇而不以目视，官知止而神欲行"，正是对于解牛过程的主观心理状态的神妙描写，"提刀而立，为之四顾，为之踌躇满志"，则是对解牛之后的踌躇满志状态的描绘。从"依乎天理，批大郤，导大窾，因其固然"，直到"以无厚入有间，恢恢乎其于游刃必有余地矣"，都是对解牛者与对象之间"契合无间"的描述。

整个庖丁解牛的过程，都是充满美感的，充满艺术韵味的。所以说，庄子才赞美解牛的过程是没有不合音律的：合乎（汤时）《桑林》舞乐的节拍，又合乎（尧时）《经首》乐曲的节奏。这就是为何道家之"道"，本身就蕴含着美感的理由，一个人的人生状态，达到了"技进乎道"之时，也就是一种拥有了"完满经验"之刻。

这一经验，居然也被美国实用主义哲学家约翰·杜威洞见到了。他特别拈出了"整一经验"（an experience）这个概念。这种经验与日常普普通通的经验是不同的。事物虽然被经验到，但是却没有构成这"整一经验"。只有当所经验到的物，完成其经验的过程而达及"完满"（fulfillment）的时候，才能获得"整一经验"。

当物质的经验将其过程转化为"完满"的时候，我们就拥有"一个经验"。那么，只有这样，它才被整合在经验的"一般河流"之中，并与其他经验划出了界限。杜威的例证就是，一件艺术品被以一种满意的方式完成；一个问题得到了它的解答；一个游戏通过一种情境而被玩；这种情境，无论是进餐、下棋、交谈、写书，还是参与政治活动，都是如此紧密地围绕着这种完满，而不是停止。按照杜威的理解，这种经验是"整体"的，保持了其自身的"个体性的质"（individualizing quality）

---

[1] 毕来德著，宋刚译：《庄子四讲》，联经出版公司 2011 年版，第 9 页。

与"自我充足"（self-sufficiency），这才是所谓的"整一经验"。

庖丁解牛所言说的，恰恰就是获取"整一经验"的过程。这种"技近乎道"的经验，恰恰就是人生的"完满"经验，同时也是生活的完美体验。

"人生茫昧"的生命况境

"人生茫昧"，乃是道家生活哲学的思考起点，由此道家走向了对于生存本体的追思。

庄子追问道："人之生也，固若是芒乎？其我独芒，而人亦有不芒者乎？"[1]人生啊，就是这样的莫名其妙而茫茫然吗？难道只有我自己茫然，抑或已有人真正找到了生命的本来，他并不茫茫然？这显然既是庄子对于自我的发问，也是向其他人提出的人生终极问题。

实际上，这是一种存在主义式的哲思追问，在《齐物论》当中，庄子的思考触及人生的本质难题，特别是关于"死"的问题。就像存在主义大师海德格尔，他就认定人本是"向死而生"的，所以人生在世就是被"抛"在这个世上，每个人都难逃死亡的问题，或者说，死亡对于每个人皆在"悬临"着。这就与儒家"未知生，焉知死"的态度完全不同。儒家常常视生高于死，除非舍生取义；而道家则持一种生死齐一的姿态。儒家看似是乐观，但却没有道家达观，因为道家自有一套独特的"死亡美学"原则，但又超越了生死。

在做出"人生茫昧"的总结之前，庄子总共发出了三次感喟——感叹人生之"悲"、人生之"哀"、人生之"大哀"。庄子认为，"一受其成形，不忘以待尽"——人一旦秉承天地之气而形成了形骸，就无法忘记自身而等待最后的死亡。在这一过程中，人"与物相刃相靡"，也就是说，人与外物形成了或逆生或顺势的关联，但皆要"行尽如驰"，就像驰骋一般地在走向死亡，没有什么可以使之停止下来，这难道不是人生之"悲"吗？

---

[1] 陈鼓应：《庄子今注今译》，商务印书馆 2007 年版，第 58 页。

然而，人生不仅是"悲"的，而且还是可"哀"的，可悲是人必将死，可哀则是不知所归。庄子说："终身役役，而不见其成功，苶然疲役，而不知其所归"，人一辈子都在身受役使，却不见成功所在，为生命所奴役而疲劳至极以后，却不知道人生的归宿在哪里，这难道不是人生之"哀"吗？

　　所"悲"的是死，所"哀"乃为生，那人生还有"大哀"吗？这种大哀，对于庄子来说，居然面对的是那种不死之人。一般的道教信徒往往都寻求长生不死，但庄子却根本质疑了这一点：人如若要不死的话，那又有何益处呢？人的形骸随着自然而化，逐渐走向了衰竭，人的心也是如此，必然走向衰竭，这难道不是人生的最大悲哀吗？

　　面对世事的纷扰，为了追求"精神四达并流"，庄子极富洞见地区分出人世间的五种人格形态：

　　第一种人是慷慨愤激之士，他们的人格特征是"刻意尚行，离世异俗，高论怨诽"。

　　这些人士他们刻意去磨炼意志，以使自身的行为得以高尚，他们脱离了现实而求与世俗迥异，他们喜发高论而怨叹自己的怀才不遇。然而，他们不过就是标榜清高的"无为之士"罢了。在庄子看来，即使他们身处山林而自称"异士"，不过仍是为了沽名钓誉而已，他们往往是那些看破红尘或以身殉志的人所仰慕的。

　　第二种人是游学教化之士，他们的人格特征是"语仁义忠信，恭俭推让，为修而已矣"。

　　这些人士的习性就是施行仁爱与节义，宣扬忠诚与信实，提倡恭敬与俭朴，并以推和辞让为美德。然而，这些不过是修身的行为而已，他们作为"清平治世之士"，大都是勤于修持心性并教诲化人的学士，儒家的"贤人"正属此列，他们大都是"游居学者"所爱慕的。

　　第三种人是功名政术之士，他们的人格特征是"语大功，立大名，礼君臣，正上下"。

　　这些人志在建大功立大业，博得大声大名，尽守君臣等级礼仪，匡正上下尊卑名分。所以，他们往往成了"朝廷之士"，忠君爱国而力求强大社稷，但不过仍是治理国家的才具罢了，恰恰是那些致力于功业而要开拓疆土的人们所欣羡的。

第四种人是江海避世之士，他们的人格特征是"就薮泽，处闲旷，钓鱼闲处"。

这些人所推崇的是另一种生活方式，他们喜欢到草原水泽的山水田园之间，住居在荒旷无人的闲居处所，闲时钓鱼，以闲处为乐。但在庄子看来，这不过只是无为自在罢了，这些奇士往往被"江海之士""避世之人"与"闲暇者"所歆慕。

第五种人是道引养形之士，他们的人格特征是"吹呴呼吸，吐故纳新，熊经鸟申，为寿而已矣"。

这些人都精于术道，勤于修炼，嘘唏呼吸，吐浊纳清，但就像熊倒挂在树上、鸟伸足在空中一样，不过是追求长命百岁罢了。这些所谓道引练气之士，也不过是善于保身护形的人而已，但却被那些养护身体的人们所喜爱，这恰恰可以被视为对后世道家术士"重形不重心"的某种讽刺。

在庄子的深邃的目光里面，慷慨愤激之士、游学教化之士、功名政术之士、江海避世之士、道引养形之士皆不足取，因为他们的人格境界都没有达到极境，这种庄子唯一满意的极境更是审美之境——所谓"澹然无极而众美从之"是也！

庄子如此归纳道：

> 若夫不刻意而高，无仁义而修，无功名而治，无江海而闲，不道引而寿，无不忘也，无不有也，澹然无极而众美从之。此天地之道，圣人之德也。故曰，夫恬惔寂漠虚无无为，此天地之平而道德之质也。[1]

针对上述五种人格典范，庄子肯定是五种人格的"自然而然"的另一方面，慷慨愤激之士如果不刻意磨砺心志而行为自然高尚，游学教

---

[1] 陈鼓应：《庄子今注今译》，商务印书馆 2007 年版，第 456 — 459 页。

化之士如果不称说仁义而自然有修养，功名政术之士如果不寻求建功立名而天下自然治理，江海避世之士如果不避居江湖而心境自然闲散，道引养形之士如果不道引炼气而自然寿延长久，才能高蹈于圣人之境。当然，这里的圣人乃为道家的"至人""真人""神人"！

达到了"澹然无极而众美从之"的极境，攀升了"恬惔寂漠、虚无无为"的极境，方能"无不忘也，无不有也"，才能忘记了一切，却又拥有了所有。由此，从外部顺遂"天地之道"，所谓"道兼于天"是也；从内部顺应"圣人之德"，所谓"德兼于道"是也，最终都是"道通为一"的。

由在这种审美境界反观"生死之美"，庄子就看到了"圣人之生也天行，其死也物化；静而与阴同德，动而与阳同波"[1]，不仅生死皆为"天行"而"物化"为一，因而人们才能做到"生死一如"；而且，生死都符合于阴阳动静的宇宙节奏，"堕尔形体，黜尔聪明，伦与物忘"[2]，从而臻至"大同乎涬溟"的境地。

这便是道家的"道化之美"，大道化大美，天地有大美！

---

[1] 陈鼓应：《庄子今注今译》，商务印书馆 2007 年版，第 459 页。
[2] 陈鼓应：《庄子今注今译》，商务印书馆 2007 年版，第 334 页。

第三章 从『日用禅悦』到『禅悟之美』

问南泉：『如何是道？』南泉曰：『平常心是道。』

——《景德传灯录》卷一○

问：『如何是平常心？』师曰：『要眠即眠，要坐即坐。』

——《五灯会元》卷四

禅本质上是洞察人生命本性之艺术，它指出从奴役到自由之路。

——铃木大拙《禅宗》

六祖慧能之后，禅宗成为地地道道的"本土货"，尽管禅宗之源是由西土舶来的，被视为佛祖"拈花微笑""教外别传"之教派，但作为一种东方神秘宗教，它早已成为"佛教、道家与瑜伽的某种混合体"[1]，甚至被视为一种发现"本心"的神秘主义。

自从禅宗本土化之后，印度佛教那种超绝离世就被转变了，变得直接"接了地气儿"。这就是禅宗的最重要的特质之一，也就是生活化了，这恰恰是中国化禅宗的实质，尽管禅宗身上禀赋着某种神秘化的气息，但其却更具某种审美化的特质。

由本质上观之，禅宗美学本身就是一种"生活禅宗美学"，在回归生活的主流上，它极大地丰富了中国人的人际世界、生命世界与情感世界。李泽厚在《华夏美学》中就认定，中国传统的"心理本体"随着禅的加入而更深沉了，禅使得"儒、道、屈的人际—生命—情感"更加哲理化了。

"禅宗生活美学"，由此成了儒家生活美学与道家生活美学之后的"第三维"，从而共同撑起了中国古典生活美学的基本架构。用更形象的说法，从先秦时代儒家生活美学与道家生活美学便形成了两种原色，后兴的禅宗生活美学则成了另一种原色，从而共构成中国美学的"三原色"。

[1] Sureldla V. Limaye, Zen (Buddhism) and Mysticism, Delhi: Sri Satguru Publications, 1992, p.3.

从亲历"禅茶一味"谈起

谈到中国化的禅宗，就从笔者个人最切近的体悟说起吧。在台湾的一次佛教体验，让我记忆犹新。那是与台湾佛光大学习佛的一位教授，同到著名的食养山房去吃晚餐，这是台北最具文化深度的一座素食之处。

台湾北山深，驱车一时辰，蜿蜒至山房，洞开天地处。与几位佛教友人，共享花瓣素菜。正当谈笑之间，偶遇山房主人，邀品高山茶尖，遂成一段佳话：

日暮光荫，孤鸟还巢，独盏竹灯，踽踽引路，沙沙转走，崎岖溪畔，潺潺流水，敲击心绪。

蓦然眼前，凌翘溪头，四壁玻璃，方丈茶室，唐风飞檐，四体通虚。

去鞋踏木，回首之处，皆为昏山暗景。竹帘升尽，佛烛高灯，竟如室内千灯。

主人始不语，共赴小室，几净窗明，佛音缭绕，屈膝坐榻，茶道始行，首杯淡香，次杯香浓，再杯浓郁，郁留舌根。

主人亦不语，只是斟茶，三人静坐，青烟朵朵，缠绕升腾，倒影飘落，案头宣纸，信笔游走，飞龙笔转，笔逝龙潜。

主人仍不语，茶过六杯，古琴流韵，心愫各怀，大音希声，款款淌逝，无以相对，空心净谧，杂念无有，见即是空。

主人终不语，贯出内间，又请留步，尽灭千灯，唯留墙光，启山墙隔帘，现通透长方，乃凿壁借光，宛丹青横轴。

光影浮动，小竹数株，摇曳暗影，唯静观之。

青青翠竹，尽是法身乎？郁郁黄花，无非般若也！

空山鸟鸣，活生当下，清泉石上，悟吾刹那。

此乃"禅茶一味"矣！

在这次赴宴当中，我与那位友人吃得尽兴、聊得尽情，饭后居然又遇到了山房主人。既然相遇，可能真是"一期一遇"，就喝俗茶、谈俗事到深夜。禅宗之美，也许就是如此，它从生活中"生发"出来，最终又"落归"生活。

所谓"茶味禅味，味味一味"，禅与生活，会通为一。

生活之茶，就是佛教之禅。喝茶之道就是参禅之法，茶道即为佛法，这便是"禅茶一味"的真谛！

赵州缘何让人"吃茶去"

说到禅宗与茶的关联，就会想到著名的"吃茶去"的公案。这句"吃茶去"，如此简单的话，居然成了日本茶室当中常见的挂幅，在中国茶文化当中倒是少见。

那是唐代高僧赵州禅师的掌故。所记载的文字简约，但还是能还原出如此的情境——两位远道而来的行脚僧，急于面见赵州和尚，以便获取修行开悟之捷径：

> 赵州问新来僧人："曾到此间么？"
> 一位僧人答曰："曾到。"
> 赵州说："吃茶去！"
> 进而又问另位僧人。
> 僧人则答曰："不曾到。"
> 赵州还说："吃茶去！"
> 院主心存疑问，后来便追问赵州："为什么曾到也云吃茶去，不曾到也云喝茶去？"
> 赵州和尚则唤院主，院主应诺，赵州仍曰："吃茶去。"[1]

这就是"赵州吃茶去"的禅宗一大公案，后世信徒与学人对此有太多阐发，将"吃茶去"的典故赋予了各种禅思之义，好似为这个典故续上了条"大尾巴"。当然，禅宗公案里面也有高僧给你一句名言警句，但是绝大多数的公案却更需当下体悟，而无需为了开示他人而狗尾续貂。

面对各式的"赵州吃茶去"的解说与续写，其实完全可以采取禅

---

[1] 参见普济著，苏渊雷点校：《五灯会元》，中华书局 1997 年版，第 204 页。

赵州禅师像

宗的"断喝"，不做余想，当下感悟。由此，禅者就好似手持锋利之刀的武者，将种种思虑与烦恼一一削尽，从而将万物的本相呈现出来。

这近似于 14 世纪圣方济各会欧洲修士奥卡姆的做法。他提出了著名的"奥卡姆剃刀"（Ockham's Razor）原则——"如无必要，勿增实体"——将那些繁复的解释与阐发一剔干净，而后方能回归哲思本源！

其实，"吃茶去"之公案，道明了一个看似复杂但却最简明的禅学道理：修禅不能由"知性"求之，就像那两位行脚僧急于获取修行之途，希望赵州能一言两语加以明示那样。但有着更高智慧的赵州，却只言"吃茶去"！

"吃茶去"，就是要求，勿执着于思量，而应去践行之。

赵州如此接引学人参禅，以此方便，难道喝茶真会有"禅"味"道"气？的确如此，喝茶与修禅相通，由此也可切入禅法。

日本僧人泽庵宗彭曾有《茶禅同一味》，其中说得最为直截了当："茶意即禅意，舍禅意即无茶意。不知禅味，亦即不知茶味。"反过来说，从茶味也可悟到禅味，这是中国佛教所首创的。

这种生活智慧在中土曾蔚为大观，甚至在"唐密"当中，在这个由印度传到中国，但在中国却失传的教派（后来又兴于日本）当中，茶与水皆被当作了供品，但供养又有外、内、密、密密四层之分。

先说水，外层是水大，内层是甘露，密层是红白菩提，密密层是大悲泪水。再说茶，外层是药料，内层是定中甘露，密层是禅味，密密层是常乐我净，这最后的层次显然是最高的。又，茶有四重隐显：外为待客之茶（结缘之茶），内为谈心之茶（交心之茶），密为结盟之茶（同心之茶），密密为禅案之茶（茶密禅密）。

日本接受了禅宗示法，但在茶道的生活美学上走得更远，提出了"和""敬""清""寂"的茶道美学原则，俗称为"茶道四谛"，从而将"禅茶一味"推到了美的极致。

日本哲学家久松真一对茶道的美学原则进行了如下的解读：其一，"和"乃主客之间的充分和合，毫无隔阂；其二，"敬"是彼此相敬之情；其三，"清"是保有清净的心情；其四，"寂"是无喧嚣，心情平静。这种解释无疑是最具有哲思高度的，同时也是唯"心"而出的。

这种解说走向了一种"心茶道"的方向，但茶道从未脱离生活而存在：

> 所谓心茶道的生活并非只是趣味、艺术或者单纯的手法这样的人类生活一般之单方面事情，而是究明人性根源，在其根源上经营人的生活，其中包含着人的生活全体。因此，立足于心茶道的心茶会的目的，连贯着宗教生活、哲学思考、道德行为、艺术鉴赏这样的人的生活全体，由此根源生活下去。[1]

由茶道可悟到"法喜禅悦"，从而"身心自照"，这可以说是一种被精致化了的高级生活美学。

---

[1] 久松真一：《茶道的哲学》，东京理想社 1973 年版，转引自潘幡：《京都学派久松真一〈茶道箴〉思想》，《玄奘佛学研究》2007 年第七期。

按照通常的说法，日本的茶道是从中国禅宗转化而来的，同时也以日式的禅宗作为旨归。在日本，所谓"茶汤之形式悉为禅也，口传、密传皆由师口传弟子，而无书物也。茶汤者因出自禅宗，故专事僧之行"[1]。

这个原则，乃是日本高僧千利休改动一字而成的。原本，茶道精神被村田珠光归纳为"谨敬清寂"，但首字一"谨"字就显得如此拘谨，而被千利休改为"和"字后，茶道精神便能尽显无余！

千利休后来被奉为茶道宗师，乃是由于他认定，"佛之教即茶之本意"。在中国禅宗的回响之下，他对于茶道做出了积极拓展，可以说，在禅宗精神与践行方面进行了双向的推展。

在禅修方面，茶道就是修禅之道，所谓"汲水、拾薪、烧水、点茶、供佛、施人、自啜、插花、焚香，皆为习佛修行之行为"[2]。由此，日本茶道被赋予了一系列的程式过程，同时也成就了一种仪式化的美学规仪。

在禅理方面，茶道就是悟禅之理，所谓"茶道之秘事在于打碎了山水、草木、茶庵、主客、诸具、法则、规矩的，无一物之念的，无事安心的一片白露地"，此乃真正的"常乐我净"之境，真正的茶味禅味齐一：

> 所谓禅茶一味并非禅与茶道两方面混合一起，或者茶道成为主体将禅运用于茶道，性格有别。亦即与其说是茶道与禅一体不二，毋宁是同一物。这才是为生活根源主体，亦即是《茶道箴》所说的"茶道玄旨"。在此场合，玄旨是主体本身，并非对象的知，是我们存在作用的根源智，并非对象化，

---

[1] 这是千利休的弟子山上宗二之归纳，参见多田侑史著，罗成纯译：《数寂——日本茶道的世界》，稻香出版社 1995 年版，第 233 页。

[2] 千利休：《南方录》，参见滕军：《日本茶道文化概论》，东方出版社 1992 年版，第 296 页。

而是一直与我们不分离者，亦即真我。[1]

　　这也是来源于中国禅的智慧。"禅茶一味"之所以在宋朝得以滋生，乃是由于，通过"茶禅"之途，参悟之人舍去了——"分别心"。凡人的烦恼即起于这种分别，缘外境而常生，分别故烦恼生，禅宗在万物无分别当中挺立了出来。

---

[1] 久松真一：《茶道的哲学》，转引自潘幡：《茶汤艺术论》，佛光大学社会学院2006 年版，第 25 页。

"慧日智月"的悟禅境界

在禅宗当中所求的"无分别"，恰恰也是中国世界观的基本品质。那是由于，中国文化由古至今都在寻求"一个世界"，而并未如欧洲文化那样，从古希腊时代开始就寻求有分别的"两分世界"：现实界与理念界、此岸与彼岸、现象界与物自体……

正是受到了"一个世界"观的影响，佛教东传之后，在中土得以滋生的禅宗，从自身传统出发，大大改造了佛教传统。

譬如说，中国禅宗讲求的"人人皆可成佛"，就好似孟子说"人人皆可为尧舜"一样震人耳聩，后者强调的是人人皆可"成圣"，达到圣人的道德高境，前者则说人人都能够成为佛陀，成为在宗教上的最终觉悟者。

人人平等，人人皆有佛性，这就是禅宗所讲求的"无有凡圣""是法平等""佛性平等"，其实皆来自六祖《坛经》之"自性平等，众生是佛"。这种"性本是佛"的佛教理念，只有在中国的土壤里面才能生长出来，关键就在于佛教在中国是如何被转化的。

早期佛教在印度的时候，出世当然是根本的，世界也是二分的，在世与出世必然也是分离的。印度佛家更为特殊地认定，生死与涅槃亦是对立的，先离了生死方能得到涅槃。

大乘佛教则实现了转向，认为生死与涅槃乃是可以统一的。禅家经常阅读的《心经》就有"色即是空，空即是色"的著名提法，"即"就是不离不分的意思，空法不能离"色"而"空谈"，色法不能离"空"而"色谈"。

禅宗在中国兴起，恰恰承继的是大乘佛教的主旨，从而遁入了"不二法门"。禅宗认定，世间不离出世，这就与早期佛教根本不同；禅宗认定，生死与涅槃亦不二，这就与大乘佛教内在相通；禅宗认定，烦恼与菩提更不二，这是对《维摩经》所谓"烦恼即菩提"的拓展。

六祖慧能的《坛经》独解了"烦恼即菩提"——"前念着境即烦恼，后念离境即菩提"。就在这句话之前，六祖还说："凡夫即佛，烦恼即菩

赵孟頫《红衣罗汉图》元代 现藏于辽宁省博物馆

提。前念迷即凡夫，后念悟即佛。"[1]

这便意味着，前念执着于"境"就是烦恼，只要后念脱离了"境"即可成佛，所以，凡夫皆可成佛，"不悟，即佛是众生；一念若悟，即众生是佛"[2]，迷于前念还是凡夫，但悟于后念即是佛。前念尚未被意识之时，烦恼就无尽而生，后念被直观到之时，在前念灭尽当下就会意识到烦恼之本性，这便是禅的本来面目。在这顿悟的刹那，作为迷惑与愚昧的烦恼才顿时化作觉醒与智慧的菩提。

《涅槃经》便有"一切众生悉有佛性"之说，但六祖慧能真正做到了"本心"与"自性"上的人人平等，因为"性本是佛"，人人才皆有佛性。后代的禅宗所以才讲求"无有凡圣""是法平等""佛性平等"，如此

---

[1] 慧能著，郭朋校释：《坛经校释》，中华书局 1983 年版，第 51 页。
[2] 慧能著，郭朋校释：《坛经校释》，中华书局 1983 年版，第 58 页。

等等。这恐怕大都来自《坛经》之"自性平等，众生是佛"的主张。

那么，究竟什么是"禅"？何为众生平等之"禅"？究竟什么是"禅定"？何为人人能修的"禅定"？

六祖慧能早就给出了最直截了当的回答：

> 此法门中，何名坐禅？此法门中，一切无碍，外于一切境界上念不起为坐，见本性不乱为禅。何名为禅定？外离相曰禅，内不乱曰定。外若著相，内心即乱。外若离相，内性不乱。本性自净自定，只缘境触，触即乱，离相不乱即定。外离相即禅，内不乱即定。外禅内定，故名禅定。《维摩经》云："即时豁然，还得本心。"《菩萨戒经》云："本元自性清净。"善知识！见自性自净，自修自作自性法身，自行佛行，自作自成佛道。[1]

这一段里面，"自"字是出现得最多的，六祖告诫信众，要"自成佛道"的话，只能追寻自我的"本心""自性""本性"。所以说，六祖所代表的中国化的禅宗，始终追寻明心见性，因为见本性不乱方为禅，而本性乃是"自净自定"的，每个人只需返身而去发现自身的佛性，如此才能"外禅内定"。

说到这里，似乎禅宗与美感并无多少关联，那么，禅宗怎有自己的美学呢？关键就在于禅悟之后的生命境界，充满了美的风度与气象。禅宗悟后的境界，常常被后人形容为"大圆镜智"抑或"圆融无碍"，六祖慧能在《坛经》里面描述了这一高境：

> 世人性本自净，万法在自性。……一切法尽在自性。自性常清净，日月常明，只为云覆盖，上明下暗，不能了见日月星辰。忽遇惠风吹散卷尽云雾，万象森罗，一时皆现。世人性

---

[1] 慧能著，郭朋校释：《坛经校释》，中华书局1983年版，第37—38页。

净，犹如青天，惠如日，智如月，智惠常明。于外著境，妄念浮云盖覆，自性不能明。故遇善知识开真法，吹却迷妄，内外明彻，于自性中万法皆见。一切法自在性，名为清净法身。[1]

好一番"智日慧月"的境界！好一种美轮美奂的境界！

在这种禅悟境界里面，当然包蕴着审美的风神，禅宗所求的境界绝不是理性上的醒悟，而更是感性上的觉悟。"常清净"的自性，被六祖形容为"日月常明"，只是为云雾覆盖而难以窥见，到终有"拨云见日"与"拨云见月"的刹那！

这种刹那就是南禅顿悟的瞬间，而后方可得见"万象森罗，一时皆现"的盛景，"惠如日，智如月"的圣境！

根据《坛经》"人性本净"之预设，一切万法皆不离自性，反过来说，"自性能含万法是大，万法在诸人性中"。这种本性是自本具足的，无生无灭的，"心量广大，犹如虚空，无有边畔"，"能含万物色象，日月星宿，山河大地……"

由此可见，禅悟境界就是一种"离妄念，本性净"的生活境界，就是一种"自识本心，自见本性"的审美境界，它本身就是高蹈的生活美学！

在这个意义上，禅宗的"智日慧月"之境与儒家的"与天地参"之境倒是非常近似的，它们皆具有审美的性质。的确，按照儒佛兼修的梁漱溟先生的意见，儒佛都是生命上自己"向内用功"进修提高的学问，在生命境界的最高处也都有美感体验，无论是美善相融还是禅美合一。

然而，儒佛毕竟是不同的，佛教作为宗教仍要从现有生命解脱出来，而儒家则与之走了相反的理路，而要以现有生命去达万物生命一体。更重要的差异在于，按照佛家的观照，我执有两种，一是"俱生我执"，一是"分别我执"，而儒家只破"分别我执"，不破"俱生我执"，还要站在"俱生我执"上来生活，佛家则要破除掉。[2] 儒家始终认定

---

[1] 慧能著，郭朋校释：《坛经校释》，中华书局 1983 年版，第 39 — 40 页。

[2]《是佛家，还是儒家？——访梁漱溟先生》，深圳大学国学研究所主编：《中国文化与中国哲学》，东方出版社 1986 年版，第 563 页。

"未知生，焉知死"，生死问题似乎并未进入儒家视野，或者说是被悬置了起来，而佛家则更有勇气去面对生活的终极问题。

由此出发，禅宗从审美的角度来看待生死，提出了"生死还双美"的新洞见，突显出另一番"生与死"之生活美学风貌：

> 欲识生死譬，且将冰水比。
> 水结即成冰，冰消返成水。
> 已死必应生，出生还复死。
> 冰水不相伤，生死还双美。[1]

这是寒山子的诗，将生死的关系，比喻为水与冰的相互转化，实乃言说的是宇宙的动态节奏，生灭的唇齿相依，而且从宇宙本体演化的角度来看，生为美，死亦美，生死本乃"双美"之事。如此观之，我们就很容易理解如此的问答：问的是"亡僧迁化，向什么处去也？"答的是"潜岳峰高长积翠，舒江明月色光辉。"[2]一派宇宙天地盛景！

实际上，儒家更多讲的是天理，但儒生所崇之天，则是带有宗法色彩的伦理之天。道家则不同，他们所说的天理，讲求的是"自然之理"，也就是天地之大道运作的自自然然、清净无为、素朴恬淡之本然的理。

后来的禅宗也讲"理"，但他们讲的则是一种回归佛性与人性本身的空理，禅宗则直接顿悟到了"于自性中万法皆现"之法，也在讲述着另一番天道。儒、道、禅三家尽管各执一端，但是，他们在宇宙生命境界的寻求上却都是审美化的，这也是他们最高的生命求索。

---

[1] 寒山著，郭鹏注：《寒山诗注解》，长春出版社 1995 年版，第 85 页。

[2] 道原著，顾宏义释注：《景德传灯录译注》，上海书店出版社 2010 年版，第 203 页。

好个"云在青天水在瓶"

　　大家都知道，儒家才是真正主张出仕的，似乎禅宗在此与儒家路向是一致的，然而，二者所达到的境界却是不同的，禅宗乃是以出世之心来做入世之事。

　　在历史上，有个儒家与禅家直接对话的公案，说的是著名大儒李翱在任朗州刺史的时候，仰慕惟俨禅师的"玄化"之妙，屡次想请他下山请教，但是惟俨禅师却屡次不应，所以李翱只能进山谒见。

　　　　当太守李翱面见惟俨禅师的时候，他的侍者通告说："太守在此！"

　　　　然而，惟俨禅师仍手执经卷而不顾。

　　　　太守李翱生性偏急，遂说道："见面不如闻名。"

　　　　惟俨禅师唤道："太守！"李翱应诺。

　　　　惟俨禅师问道："为何要贵耳贱目呢？"

　　　　太守李翱便拱手谢罪，问道："如何是道？"

　　　　惟俨禅师用手指了上面，又指了下面问道："领会吗？"

　　　　太守李翱回答："不领会。"

　　　　惟俨禅师就说："云在天，水在瓶。"

　　　　太守李翱满意而惬意地行礼致谢。[1]

　　此后，李翱便做得一偈，其为《赠药山高僧惟俨二首》的第一首：

　　　　练得身形似鹤形，

---

[1] 道原著，顾宏义释注：《景德传灯录译注》，上海书店出版社 2010 年版，第 1005 页。

千株松下两函经。

我来问道无余说，

云在青天水在瓶。

故事还没有就此结束，太守李翱又问："如何是戒定慧？"

惟俨禅师回答："贫道这里无此闲家具。"

太守李翱不测此话之玄旨。

惟俨禅师解道："太守欲得保任此事，直须向高高山顶坐，深深海底行。闺阁中物舍不得，便为渗漏。"

惟俨禅师一夜登山经行，忽云开见月，便大笑一声，当地东九十多里外都能听到。居民都在追问此事，第二天早晨还在相互推问，直至药山。惟俨禅师的徒众则说："昨夜和尚山顶大笑。"

因而，李翱再赠诗一首，其为《赠药山高僧惟俨二首》的第二首：

选得幽居惬野情，

终年无送亦无迎。

有时直上孤峰顶，

月下披云笑一声。

两首赠诗，其实在说两个典故，都是关于惟俨禅师的，他就是俗称为药山和尚的那位禅宗大师，他也是曹洞宗始祖之一。这两个典故皆同"日常禅悦"直接相系，一个是药山点化李翱悟道的典故，另一个则是药山月夜孤峰之顶长啸的典故。

禅之悦乐，是一种清新圆明的审美境界。

这两则典故为后来人勾勒出这样一位禅僧的形象，一面是直面儒者质疑的机锋犀利，一面是融入自然奇景的天然洒脱，但无论是前者的自然达观的机智，还是后者的独上孤峰的气概，都充满了审美的情调。

惟俨禅师明示"云在天，水在瓶"，儒生李翱获示"云在青天水在瓶"（或写作"云在青霄水在瓶"），看似论述外物的状态，讲求的乃是人的存在——云以云之姿态天空逍遥，水以水之风姿安逸自在，它们各有其位，各安本位，恰到好处，本然如此。观者由此要破除自身的分别妄想，因而李翱才顿觉"暗室已明，疑冰顿泮"[1]。

禅者的风姿亦应如此，儒家自有修养，禅家自有修为，这种"修"恰恰决定了各自的状态。表面上说的是天上云与瓶中水，但隐喻的乃为儒家与禅宗的不同境界。当惟俨禅师给李翱示以本地风光之时，天上云与瓶中水并无分别，展现出来的乃为一种"无思量"的境界，这种境界更是一组当下圆满的审美之境。

在他人描述惟俨禅师的禅者风度的时候，一位朗然独在的禅者形象又跃然纸上，所以，药山和尚也劝诫李翱"直须向高高山顶坐，深深海底行"，去感悟生命的高峰体验。这种奇峻的体验是在独自面对自然天地之时获得的，乃是日常生活所不常达之境。

这不禁令人想起百丈禅师的公案。说的是，有僧问怀海大师："如何是奇特事？"这位禅师居然单刀直入地答曰"独坐大雄峰"[2]！惟俨禅师不禁独上万仞，而且大声一笑，可谓"沧海一声笑"！

更关键的是，惟俨禅师大笑的机缘在于，他亲身看到了突然云开月现，乌云散去犹如妄念俱消，月现夜空犹如自性显现。正在这禅悟的瞬间，禅者最终忘我，从而与境合为一体，就像药山和尚在忘我大笑之时，恰恰就是禅悦的极致状态。

这种禅悦的状态，就是一种"即时豁然，还得本心"的高境界，所以六祖慧能归纳说："故知一切万法，尽在自身中。何不从于自心，顿现真如本性。"[3]

实际上，儒、道、禅三家都追求"悦乐"，这种"悦乐"皆归属于生活并始终未超离于生活。"禅悦"就是如此亲和于现世生活的，菩提的本义就是"觉道"，而禅宗始终讲求"道出常情"[4]，讲求"不离日用"

[1] 赞宁著，范祥雍点校：《宋高僧传》，中华书局 1987 年版，第 424 页。

[2] 赜藏著，萧萐父、吕有祥点校：《古尊宿语录》，中华书局 1994 年版，第 8 页。

[3] 慧能，郭朋校释：《坛经校释》，中华书局 1983 年版，第 58 页。

[4] 普济著，苏渊雷点校：《五灯会元》，中华书局 1997 年版，第 699 页。

而"时时提撕"，这"提撕"[1]不仅有提示与探究之内涵，而又有启发与参透的深意。

禅之悦乐，始终是植根于日常生活当中的，《坛经》中就有这样的一首著名偈子：

> 佛法在世间，
> 不离世间觉。
> 离世觅菩提，
> 恰如觅兔角。[2]

似乎在禅宗看来，生活本身就存有周全的智慧，佛法即在世间，禅宗就是生活的，觉悟不离世间，禅悟乃在人世。众所周知，"涅槃是佛教的终极目标，同时它已经存在于修行者的日常生活之中，他们在禅定中得到快乐"[3]，这就是"禅"在乐中，与此同时也是"乐"在禅中。

禅之悦乐，即为"禅悦"。

---

[1] 宗杲：《禅宗语录辑要》，上海古籍出版社 2011 年版，第 427 页。

[2] 慧能著，郭朋校释：《坛经校释》，中华书局 1983 年版，第 73 页。

[3] 柳田圣山著，毛丹青译：《禅与中国》，三联书店 1988 年版，第 21 页。

"不离日用"的禅悦之味

前面就提到，中国传统本身就具有一种悦乐精神，这种精神在儒家、道家、禅宗的智慧里面分别得以彰显。在本土传统的视野里，"天乐""至乐"与"极乐"作为最高的审美体验之一，就存在于儒、道、禅宗三种不同的悦乐方式之中：

> 一般说来，儒家的悦乐导源于好学、行仁和人群的和谐；道家的悦乐在于逍遥自在、无拘无碍、心灵的和谐，乃至于由忘我而找到真我；禅宗的悦乐则寄托在明心见性，求得本来面目而达到入世、处世的和谐。[1]

这三者熔为一炉，塑造出中国传统一贯洋溢着的悦乐精神，禅宗更是介于出世与入世之间，或者以出世来入世。中国人更加深沉的生活化的禅宗，之所以获得国人的喜爱，还是由于它带给了国人前所未有的"宗教悦乐"体验。这种体验往往也是诉诸感性与知觉的，这就是我们常说的"禅悦"。

"禅之悦"，乃为由禅而生的喜悦之情。《净影疏》写得好，"禅定释神，名之为悦"。但在佛教传统那里，这种"禅悦"似乎并不离于饮食生活，《华严经》就说："若饭食时，当愿众生禅悦为食、法喜充满"。

以"禅悦"为食，就将禅宗之喜、之悦、之乐化到日用之中，并进而能体悟到其中之"味"。《维摩诘经·方便品》曰："虽复饮食，而以禅悦为味"，就要求人们在日常生活里反复参禅的时候，最终体味到禅之"味外之味"！

---

[1] 吴经熊：《内心悦乐之源泉》，东大图书公司 1989 年版，第 1 页。

"饥来吃饭，困来即眠"，这便是禅宗的日常化追求，毫无疑义。然而，这种追求却拥有双重意义，一方面是用以抵御"吃饭时不肯吃饭，百种须索，睡时不肯睡，千般计校"[1]的消极日常状态，但另一方面却又追求另一种积极生活状态，南岳懒瓒和尚作歌对于这种"乐道"有所描述：

> 我不乐生天，亦不爱福田。饥来吃饭，困来即眠。愚人笑我，智乃知焉。不是痴钝，本体如然。要去即去，要住即住。身披一破衲，脚著娘生袴。多言复多语，由来反相误。若欲度众生，无过且自度。莫谩求真佛，真佛不可见。妙性即灵台，何曾受熏炼。

> 本自圆成，不劳机杼。世事悠悠，不如山丘。青松蔽日，碧涧长流。山云当幕，夜月为钩。卧藤萝下，块石枕头。不朝天子，岂羡王侯。生死无虑，更复何忧。水月无形，我常只宁。万法皆尔，本自无生。兀然无事坐，春来草自青。[2]

懒瓒和尚是如此的"乐道"，乐在禅之中，乐于禅之道，为后人深描出了一种禅悦的心胸，一种平常的心态，一种审美的心境。的确，禅悦发自于内心的喜悦，具有一种"要去即去，要住即住"的自由度；禅悦发自于日常的体验，具有一种"要眠即眠，要坐即坐"的平常心；禅悦发自于审美的感悟，具有一种"本自圆成""水月无形"的圆融性。

这种"开悟"（satori）被认为是具有如下的特性：其一，开悟是非理性的；其二，开悟是直觉的内观；其三，开悟是具有专断性的；其四，开悟是要确证的；其五，开悟具有超验感；其六，开悟具有非个体的音调；其七，开悟具有一种兴奋之情；其八，开悟是即刻刹那实

---

[1] 道原著，顾宏义释注：《景德传灯录译注》，上海书店出版社 2010 年版，第 699 页。
[2] 道原著，顾宏义释注：《景德传灯录译注》，上海书店出版社 2010 年版，第 2438 页。

现的。[1] 从这些禅悟的特性来看，它与绝对化的审美瞬间的品质是极为近似与内在相通的，所以说，在很大程度上，禅悟就是一种"美悟"，也就是"审美的开悟"。

禅宗作为中国人的"生活之道"，放弃了原始佛教的苦行，但并不是仅仅肯定现实的欲望与感官的快慰。实际上，无论是苦行与享乐都不为禅宗所喜，禅家在择取一种"纯净自我的、涅槃的乐趣"，他们发现了一种清新的生活，从中可以享受到真正的"禅之悦乐"。

这种禅悦在"悟禅"的大多阶段都是存在的，直至最终达到涅槃的极境："在初禅阶段，先有一种喜悦与欢欣，从现实的烦扰中解脱出来；进入第二禅阶段，禅定自身的喜悦与欢欣被纯化了；进而达到第三禅，喜悦的意念消失了，只剩下纯净的欢欣；在最后的第四禅中，纯净的欢欣也消失了，这时就出现了清澈透明的智慧。"[2]

由此可见，懒瓒和尚所描述的乃是从第一禅、第二禅到第三禅的境界。"我不乐生天，亦不爱福田"，"不朝天子，岂羡王侯"，这只是对现实烦恼之摆脱；"卧藤萝下，块石枕头"，"水月无形，我常只宁"则对于禅悦进行了纯化；"兀然无事坐，春来草自青"则比较接近纯净的欢欣之境了，这个境界为历代禅家所津津乐道。

我们就以舒州天柱山崇慧禅师的问答为例，他的回答往往能极其迅速地让参悟者契入禅悦之境：

> 僧问："如何是天柱境？"
> 师曰："主簿山高难见日，玉镜峰前易晓人。"
> ……
> 问："如何是天柱家风？"
> 师曰："时有白云来闭户，更无风月四山流。"

---

[1] Sureldla V. Limaye, Zen (Buddhism) and Mysticism, Delhi: Sri Satguru Publications, 1992, pp.90–92.

[2] 柳田圣山著，毛丹青译：《禅与中国》，三联书店 1988 年版，第 23 页。

……

问：“如何是道？”

师曰：“白云覆青嶂，蜂鸟步庭华。”

……

问：“宗门中事请师举唱。”

师曰：“石牛长吼真空外，木马嘶时月隐山。”

问：“如何是和尚利人处？”

师曰：“一雨普滋，千山秀色。”

问：“如何是天柱山中人？”

师曰：“独步千峰顶，优游九曲泉。”

问：“如何是西来意？”

师曰：“白猿抱子来青嶂，蜂蝶衔华绿蕊间。”[1]

道吾和尚的《乐道歌》也对此有所描述：

> 乐道山僧纵性多，
> 天回地转任从他。
> 闲卧孤峰无伴侣，
> 独唱无生一曲歌。[2]

法融禅师的《心铭》说得更为玄妙：

> 乐道恬然，
> 优游真实。
> 无为无得，

---

[1] 道原著，顾宏义释注：《景德传灯录译注》，上海书店出版社 2010 年版，第 203—204 页。

[2] 道原著，顾宏义释注：《景德传灯录译注》，上海书店出版社 2010 年版，第 2442 页。

依无自出。[1]

　　禅宗的生活，就是一种审美的生活；禅宗的美学，就是一种生活的美学。

---

[1][苏] 道原著，顾宏义释注：《景德传灯录译注》，上海书店出版社 2010 年版，第 2401 页。

万古长空有"一朝风月"

禅悟的确带有一定的神秘色彩，它被称为"超感觉的感觉"（der Sinn für das Uebersinnliche），是能够觉悟到存在本体的感性路径。存在与时间的关联，乃是存在主义所追问的核心话题，时间就有渐顿的分殊、历时与共时的差异。所以说，在禅悟当中，"时间意识"是重要的维度，而"禅悟的时间"往往也带有审美的性质。

一般而言，北宗禅强调渐修，而南宗禅倾向顿悟。然而，其实渐顿之分，并不是那么绝对，即使是北宗禅，也是"步步渐行，一日顿到"[1]的，就像远赴都城，终有一日抵达一样。

这渐顿之关系，就"犹如伐木，片片渐砍，一时顿倒"[2]，北宗禅也终有顿悟，但是却说渐修才是基础。南宗禅尽管高蹈于顿悟，但也并不否定渐修的累积。按照《楞伽经》的要旨，"渐净非顿"，"净除"要渐渐修，而"顿净"则要顿见，但无论"顿现"还是"顿照"皆指向了解脱的那一刹那。

无论南北，禅宗都追寻"顿现"抑或"顿照"的一霎，有则公案讲的是崇慧禅师的答问：

> 问："达摩未来此土时，还有佛法也无？"
> 师曰："未来且置，即今事作么生？"
> 曰："某甲不会，乞师指示。"
> 师回："万古长空，一朝风月。"

---

[1]《禅源诸诠集都序》，石峻等编：《中国佛教思想资料选》第三卷"隋唐五代部分"，台北弥勒出版社 1983 年版，第 443 页。

[2]《禅源诸诠集都序》，石峻等编：《中国佛教思想资料选》第三卷"隋唐五代部分"，台北弥勒出版社 1983 年版，第 443 页。

僧无语。[1]

这则公案说的是，有僧人问崇慧禅师：“达摩祖师尚没来本土时，有没有佛法？”崇慧禅师说：“尚未来之事悬置不论，如今之事怎么做？”僧人不解，说实在不领会，请师指点。崇慧禅师就答曰：“万古长空，一朝风月！”

“万古长空，一朝风月”，真是千古名句，也道尽了中国禅的特色——当下实现，悟在目前。的确，长空万古犹存，正如佛法永在，而禅悟则在个人，顿悟即在当下。

如果说，“万古长空”是“渐”的，那么，“一朝风月”则是“顿”的。善能禅师有言语：“不可一朝风月，而昧却万古长空；亦不可以万古长空，不明一朝风月”，可见二者是相互依托、彼此显现的。

万古长空象征着天地悠悠、万化静寂，是超时空的永恒界域；而一朝风月象征时间“动”的刹那，宇宙生机的飞动流化、绵绵不绝。绘画虽只能捕捉自然之一朝风月，但却以残角和瞬息而纳千顷之汪洋、收四时之烂漫，亦即摄入着时空无限，“将永恒表现为瞬间，将空间表现为无限的空白”。[2] 这种禅宗的审美时间意识，后来深刻地影响了中国古典美学。

中国古典绘画审美的时间意识本源自儒道互补的“动”。这“动”涵摄有“气韵生动”之生生不已和“虚无因应”之变化无为的双重内涵，它点化绘画空间为灵动的时空合体境。相应地，对这玄妙绘画时空的观照也体现为历时化的游观，它要求化“静观”成“动照”，融外在的空间节奏入内心的时间律“动”。

然而，佛教东渐之后，随着本土化的禅宗意识介入，共时性的审美理解则将“动”“静”并置起来，并相互澄明。同时，诗画融合成为

---

[1] 普济编，苏渊雷点校：《五灯会元》，中华书局1997年版，第66页。

[2] [苏] 叶·查瓦茨卡娅著，陈训明译：《中国古代绘画美学问题》，湖南美术出版社1987年版，第5—6页。

禅道入画的途径，诗的时间意识延拓了绘画的审美时空，使得中国传统绘画最终成为一种"时间品味方式"。

质言之，与审美观照的历时化相异，在"禅思"融入儒道互补的时间观后，深受其浸渍的绘画主流则强调审美理解的共时性，它涵摄着"动"与"静"的相互澄明。

相应的审美理解，就是把这"动—静"同体"耦合性"地并置和提升到共时层面，并在意味深长的结合里，瞬间生发出人生真谛的感悟和宇宙生命的感叹。依心理学家荣格释《易》所见，华夏民族这种共时性与西方因果律截然相反，"共时性事件旨在'一切存在形式之间的深刻和谐'。因此，一旦体验到这种和谐，它就变成一种巨大的力量，给予个人一种超越时空的意识"[1]。而这也是禅宗审美理解的特质所在，它即是通过这默契动静之途，进入古典绘画美学的时间意识内的。

同时，道禅意识往往是通过诗画融合的桥梁入画的，从而形成共通的审美时空。因为，中国的艺术体现为浑整未分的原生态性，诸艺无不辗转互通、周流互贯。而诗画本一律，鉴画衡文，道一以贯，诗与画具有特殊的审美亲和力。

这一方面呈现为"诗意"入画，"画中有诗"。所谓"诗传画外意，贵有画中态"（董其昌《画旨》），正是这诗画同妙的境界。相应地，中国绘画美学也注重意蕴的"象征性"。

王士禛就描写了这种情形："李龙眠作阳关图，意不在渭城车马，而设钓者于水滨，忘形块坐，哀乐嗒然：此诗旨也。"（《丙申诗旧序》）可见，该画意象征了文人远遁城郭的喧嚣烦躁，抽身时世变迁而陶然自得的心态，在其幽情远思间诗画是打通的。正如沈宗骞所言，"画与诗，皆士人陶写性情之事，故凡可入诗者，皆可入画"，所以二者都本自心源，在心理的融化下形成"异迹而同趣"的审美意象。与此相关，诗与画的艺术语言似乎都被"抽象"成某种文化符号，只有结合特

---

[1] [美] 拉·莫阿卡宁著，江亦丽、罗照辉译：《荣格心理学与西藏佛教》，商务印书馆 1996 年版，第 63 页。

定的文化语境才能"阅读",进而归旨在其后粘连着的形上玄思。另一方面,画论又与诗理互通有无。不胜枚举的诗学话语为画论所吸收;反之,画论又暗通于诗意与禅理。王士祯便坦言南宗画论往往"通于诗"。他曾说:"闻荆浩论山水,而悟诗家三昧"(《跋门人程友声近诗卷后》),又说,"诗至此,色相俱空,正如羚羊挂角,无迹可求,画家所谓逸品是也"(《分甘余话》),可见画理与诗意的互通更多在于禅境。

但是,诗画互通给绘画带来的时间意识,不仅在于禅境的潜移默化,而更在于诗的语言本性——时间因素对绘画的浸渍,从而将绘画"理解为内在诗歌和音乐及类似精神状态跟诗的中介关系"[1]。

首先,诗意韵味与绘画表现间的互点灵犀,让诗情与画意得以共同深化。这样,"感于物而动"(《礼记·乐记》)、"因物感触"(罗大经)的诗兴,便与绘画的妙想迁得勾连起来。所谓"妙想实与诗同出"(苏轼)、"兴来漫写秋山景"(黄公望)。这也就是说,画也感物起兴,心与物动,达到兴来神往,天然入妙之境。

而且,审美感发的"兴"导向"意境"并与之和谐,才能达及"荒怪轶象外"(苏轼《题文与可墨竹》)、"意出尘外"(朱景玄《唐代名画录》)的意境。故而,清代范玑《过云庐画论》说:"超乎象外,得其圜中,始究竟矣。"只有求诸象外的意境的创生,化实境为虚境以玄鉴宇宙的旋律和奥妙,才是绘画的本根所在。要言之,"兴"与"境"诣,正是诗画融合的契合点。

其次,在画之通灵处的题诗,其包孕的意蕴内涵又会拓展画面的意趣和情思,充溢绘画的表现力和包容性,使得诗化的审美时空广摄四旁而圜中自显。画并不能穷尽诗意,因而就要"画难画之景,以诗凑成;吟难吟之诗,以画补足"(吴龙翰《〈野趣有声画〉序》)。由于诗语因素对鉴赏的渗透,蔚为大观的题画诗必然会强化绘画的"阅读性"。

实际上,传统绘画并未落入摹写自然的时空限定中,而是通过诗

---

[1] [苏] 叶·查瓦茨卡娅著,陈训明译:《中国古代绘画美学问题》,湖南美术出版社 1987 年版,第 6 页。

郭熙《早春图》北宋 现藏于台北故宫博物院

的意、趣、情引发提升，为心灵的自由抒发辟出更深远的审美时空。它不仅辟审美空间于广袤无垠，而且还延审美时间向深邃幽远，从而将诗言体味扩散在绘画的视觉直观里，使对静态绘画的赏玩在诗味的反复涵咏中趋向动态体验。

在审美时间之外，更为独特的是对时间的审美。石涛《画语录·四时章》说：

> 凡写四时之景，风味不同，阴阳各异，审时度候为之……予拈诗意以为画意，未有景不随时者。满目云山，随时而变。以此哦之，可知画即诗中意，诗非画里禅乎？

通过"禅意—诗意—画意"的途径，中国画家与诗人将景随时易的日回月周、寒暑易节作为审美的对象。其实，这早已为古典画论所注重，郭熙就不仅论及空间的"山形步步移""山形面面看"，而且注重"四时之景不同""朝暮之变态不同"的时间变幻。他在《林泉高致》中说："真山水之烟岚，四时不同。春山淡冶而如笑，夏山苍翠而如滴，秋山明净而如妆，冬山惨淡而如睡。"

这种意识是源于古人对昼夜穿梭、四时轮回的观察和审视，他们以为自然周期变化在时间流逝中内在具有了气韵，具有了宇宙的轮回节律，并在绘画里创生出一个极具情感色彩的生存空间、充满音乐情趣的时空合体。这里，绘画的空间方位往往扩散成时间的交替节奏（春夏秋冬与阴晴朝暮），甚至情感、情绪的变化节奏，从而使绘画真正成了一种"时间品味方式"[1]，这正是中国传统绘画的独特品性所在。

---

[1] [法] 路易·加迪等著，郑乐平、胡建平译：《文化与时间》，浙江人民出版社1988年版，第32页。

渐入"高卧横眠得自由"

"一朝风月"并不是即刻显现的，还需要逐层修行的过程。宋代禅宗便将修行分为三个境界：第一境界是"落叶满空山，何处寻芳迹"；第二境界是"空山无人，水流花开"；第三境界才是"万古长空，一朝风月"。

"落叶满空山，何处寻芳迹"，语出自唐代诗人韦应物五言诗《寄全椒山中道士》，原诗为"落叶满空山，何处寻行迹"。"芳迹"似乎更芬芳一些，但所说的都是参禅者寻道而又渺然无所得的状态。

"空山无人，水流花开"，语出自宋代大文人苏轼，那是《十八大阿罗汉颂》当中对第九尊者的颂词。如果说，"落叶满空山，何处寻芳迹"仍是看山是山，看水是水。那么，"空山无人，水流花开"则是看山不是山，看水不是水的境界。

只有感悟到了"万古长空，一朝风月"，才是一番禅悟的最高境界。"万古"与"一朝"相融合，在时间上乃为瞬刻即永恒；"长空"与"风月"相同一，在空间上则是万物融为一体，此乃看山还是山、看水还是水的超越时空的极境。

这里就涉及"人"如何化入"境"的问题，义玄禅师对此曾有四层的划分："有时夺人不夺境，有时夺境不夺人，有时人境俱夺，有时人境俱不夺。"那么，如何从审美的角度来理解人与境的关联呢？义玄禅师居然对答如流：

> 问："如何是夺人不夺境？"
> 师云："煦日发生铺地锦，婴儿垂发白如丝。"
> 僧云："如何是夺境不夺人？"
> 师曰："王令已行天下遍，将军塞外绝烟尘。"
> 僧云："如何是人境俱夺？"
> 师曰："并汾绝信，独处一方。"

僧云："如何是人境俱不夺？"

师云："王登宝殿，野老讴歌。"[1]

其实，义玄禅师通过审美的话语，来解答了禅悟的渐进次第：

其一，"夺人不夺境"就是"客看主"，放下自我，只认万法，不认自心；其二，"夺境不夺人"就是"主看客"，放下外物，不为境牵，本性自觉；其三，"人境俱夺"就是"主看主"，忘我忘境，无念无为，发见自我；其四，"人境俱不夺"就是"客看客"，超越人境，山仍是山，真正自在。

义玄禅师以审美的眼光来看待这人境之"夺"，无论是人夺境还是境夺人，无论是俱夺还是俱不夺，皆追求一种空灵无碍的生活境界，这境界的终极之处，既是"出入自得"的自由境，又是"复返生活"的现实境。

这意味着，"这永恒既超越时空却又必须在某一感性时间之中。既然必须有具体的感性时间，也就必须有具体的感性空间，所以也就仍然不脱离这个现实的感性世界，'不落因果'又'不昧因果'，这也就是超越不离感性"[2]，这才是禅宗的在世的超越，此生的出世。

这个境界就是一种自由的境界，唐代怀海禅师所题写的一首无题诗，其中对此就有感性化、形象化与视觉化的描述：

> 放出沩山水牯牛，
> 无人坚执鼻绳头。
> 绿杨芳草春风岸，
> 高卧横眠得自由。

[1] 赜藏主编，萧萐父、吕有祥点校：《古尊宿语录》，中华书局1994年版，第57页。

[2] 李泽厚：《庄玄禅宗漫述》，《中国古代思想史论》，三联书店2017年版，第197页。

牛的行住坐卧，隐喻的乃是参禅之人，他从生活日用中得到自由，就像牛被解放出来一样，不仅摆脱一切是束缚（无人坚执鼻绳头），而且在自由充满美感的境地（绿杨芳草春风岸）中，充分达到了"通脱无碍"的自在与自由（高卧横眠得自由）。

我们再以著名的《十牛图》作为例证。根据史料记载，廓庵禅师是在宋代清居禅师《八牛图》的基础上完成了《十牛图》，该图传到日本又为日本画师所重绘，进而传到了世界各地。廓庵禅师对应《十牛图》，一一拟出对应的偈颂：

《寻牛第一》：忙忙拨草去追寻，水阔山遥路更深。力尽神疲无处觅，但闻枫树晚蝉吟。

《见迹第二》：水边林下迹遍多，芳草离披见也么？纵是深山更深处，撩天鼻孔怎藏它？

《见牛第三》：黄莺枝上一声声，日暖风和岸柳青。只此更无回避处，森森头角画难成。

《得牛第四》：竭尽精神获得渠，心强力壮卒难除。有时才到高原上，又入烟云深处居。

《牧牛第五》：鞭索时时不离身，恐伊纵步入埃尘。相将牧得纯和也，羁锁无拘自逐人。

《骑牛归家第六》：骑牛迤逦欲还家，羌笛声声送晚霞。一拍一歌无限意，知音何必鼓唇牙。

《忘牛存人第七》：骑牛已得到家山，牛也空兮人也闲。红日三竿犹作梦，鞭绳空顿草堂间。

《人牛俱忘第八》：鞭索人牛尽属空，碧天辽阔信难通。红炉焰上争容雪？到此方能合祖宗。

《返本还源第九》：返本还源已费功，争如直下若盲聋？庵中不见庵前物，水自茫茫花自红。

《入鄽垂手第十》：露胸跣足入尘来，抹土涂灰笑满腮。不用神仙真秘诀，直教枯木放花开。

普明禅师的《十牛图》则构成了另一版本，他也每图各题一偈：

《未牧第一》：狰狞头角恣咆哮，奔走溪山路转遥。一片黑云横谷口，谁知步步犯佳苗。

《初调第二》：我有芒绳蓦鼻穿，一回奔竞痛加鞭。从来劣性难调制，犹得山童尽力牵。

《受制第三》：渐调渐伏息奔驰，渡水穿云步步随。手把芒绳无少缓，牧童终日自忘疲。

《回首第四》：日久功深始转头，颠狂心力渐调柔。山童未肯全相许，犹把芒绳且系留。

《驯服第五》：绿杨阴下古溪边，放去收来得自然。日暮碧云芳草地，牧童归去不须牵。

《无碍第六》：露地安眠意自如，不劳鞭策永无拘。山童稳坐青松下，一曲升平乐有余。

《任运第七》：柳岸春波夕照中，淡烟芳草绿茸茸。饥餐渴饮随时过，石上山童睡正浓。

《相忘第八》：白牛常在白云中，人自无心牛亦同。月透白云云影白，白云明月任西东。

《独照第九》：牛儿无处牧童闲，一片孤云碧嶂间。拍手高歌明月下，归来犹有一重关。

《双泯第十》：人牛不见杳无踪，明月光寒万象空。若问其中端的意，野花芳草自丛丛。

尽管我们对廓庵禅师如何将《八牛图》增为《十牛图》的细节不得而知，但是，从普明禅师的《十牛图》所见，他所描绘的《驯服第五》《无碍第六》《任运第七》大致相当于廓庵禅师的《牧牛第五》，而后者的《返本还源第九》与《入廛垂手第十》恰恰是前者所没有的。

所以由此可以推测，廓庵禅师极有可能增补上的就是这最后两图，而廓庵禅师的《人牛俱忘第八》与普明禅师的《双泯第十》大致是同一层次，也就是"物我两忘"的阶段，渐进到了这一阶段也就是禅悟的高级阶段了。

《十牛图》还有一个更有趣的版本，它将牛身的颜色加以变化，以说明修行的渐次过程，从未牧到初调，牛还完全是黑牛，受制之后头部变白，回首之时肩部亦白，驯服之际上身全白，无碍之端尾部尚黑，而到了任运与相忘，则完完全全变成白牛了。这就隐喻着"佛性"逐渐彰显的进程，因为这牛本身就"譬喻或象征自家生命的真实的本性、真性或佛性"[1]，所以寻求佛性的过程也即寻求自我的过程。

按照普明禅师的《十牛图》，从《未牧第一》到《独照第九》都是渐修升级的过程，而进入到《双泯第十》则发生了质的飞跃。按照廓庵禅师的《十牛图》，从《寻牛第一》到《忘牛存人第七》仍未脱修炼的进程，无论是寻求门径的寻牛、见迹与见牛，还是初步得道的得牛、牧牛、骑牛，都没有悟入妙境，而到了《人牛俱忘第八》《返本还源第九》与《入廛垂手第十》则进入到如此这般的境界。

下面就是前七图：

---

[1] 吴汝钧：《游戏三昧：禅的实践与终极关怀》，学生书局1993年版，第123页。

《人牛俱忘第八》，这是一幅以空圈来表征万物皆空的图像，此图"一归于无，只划出一个圆相，表示三昧到此，已臻圆熟。这亦美学的最高境界"[1]，著语说得好：凡情脱落，圣意皆空。有佛处不用遨游，无佛处急须走过。两头不着，佛眼难窥。百鸟衔花，一场懡㦬！

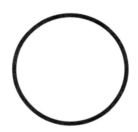

关键在于，为何在《人牛俱忘第八》之后，增加了《返本还源第九》与《入鄽垂手第十》呢？

这是由于，"前八图颂可归纳于个人修习方面，其重点在于主体性的发现与涵养，这是内在的工夫；后二图颂则显示主体性的发用，或外在的发用，在客观的世界方面成就种种功德，这亦是成就自己也。"[1]照此而论，前八图描绘的乃是修行层级，而后两图才直接关乎终极关

[1] 吴汝钧：《游戏三昧：禅的美学情调》，《国际佛学研究》1992 年第 2 期。
[2] 吴汝钧：《游戏三昧：禅的实践与终极关怀》，学生书局 1993 年版，第 123 页。

怀，而这种关怀恰恰是审美化的。

《返本还源第九》就是这样的，它所勾勒的是一番有"境"无"人"之景，著语说得好：本来清净，不受一尘。观有相之荣枯，处无为之凝寂。不同幻化，岂假修治？水绿山青，坐观成败。

《入廛垂手第十》则是这样的，它所勾勒的是一番有"境"有"人"之景，著语说得好：柴门独掩，千圣不知。埋自己之风光，负前圣之途辙。提瓢入市，策杖还家。酒肆鱼行，化令成佛。

实际上，这第九界与第十界的升华，乃是生花之妙笔。"忘牛存人"仅仅得证法身，只有到了"人牛俱忘"，才达到"凡情脱落，圣意皆空"的境界。然而，只升级到这个层级，还只是一般佛家的境界，禅宗进而还要从"空境"回到"家常"境界，所以才第一步有境无有人，第二步人境皆在而俱不夺。

这才是"禅境"所照的真如生活，所谓"去来自由，无滞无碍"是也。从驯服野性到心性合道，那只是禅悟的基层而已；"人牛俱忘"始泯灭色界，"返本还源"却山水重现，"入廛垂手"则万象一如！

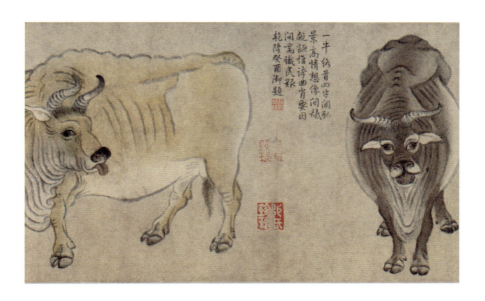

韩滉《五牛图》（局部）唐代 现藏于故宫博物院

超以象外的 "无相之美"

佛禅美学的核心，就在于它追求的是一种 "无相之美"。

按照日本禅宗学者久松真一的理解："真正的佛教美学，从主动的创造性一方面来看，是无相之美在形相中表现它自己；从欣赏的角度来看，乃在超越形相的没有形相性的形相中的理解——即是对作为没有形相性的表现的形相的理解。一句话，真正的佛教之美，只是人的自我觉醒和运作之美。"[1]

那么，"无相之美" 所求的究竟是什么样的相？如果用 "无相之相" 来简单加以概括，似乎也能达其意，就像京都学派哲人西田几多郎用 "无形之形"（the form of the form less）来概括东方文化的特质，以区分于西方文化直接将 "形" 作为存在的本质与过程，而中国古典美学所追寻的 "象外之象" 早就深谙此义。

在文学领域，司空图就提出了要寻那 "象外之象，景外之景"[2]，他在著名的《二十四诗品》里面，可以说直接实践了他的 "象外之象" 的追求，比如在论 "清奇" 这个审美范畴的时候，司空图描述道：

> 娟娟群松，下有漪流。晴雪满汀，隔溪渔舟。可人如玉，步屧寻幽。载瞻载止，空碧悠悠，神出古异，淡不可收。如月之曙，如气之秋。

当然，中国文人非常善于在诗歌当中显现 "禅境"，王维正是其中

---

[1] 久松真一：《禅在现代文明中的意义》，吴汝钧：《京都学派哲学：久松真一》，文津出版社 1995 年版，第 206 页。

[2] 司空图著，祖保泉、陶礼天笺校：《司空表圣诗文集笺校》卷三《与极浦书》，安徽大学出版社 2002 年版，第 215 页。

的佼佼者，所以他才被誉为"诗佛"，难怪宋人直言"说禅作诗，本无差别，但打得过者绝少"，王维晚期的诗歌真正实现了"禅诗合一"。

王维已将由象内到象外的"空""寂""静""闲"之美写尽了：

> 人闲桂花落，夜静春山空。——《鸟鸣涧》
> 空山不见人，但闻人语响。——《鹿柴》
> 空山新雨后，天气晚来秋。——《山居秋暝》
> 兴来每独往，胜事空自知。——《终南别业》

王维还将象之内外的介于"动静生成"之际的特色写绝了：

> 明月松间照，清泉石上流。——《山居秋暝》
> 行到水穷处，坐看云起时。——《终南别业》
> 月出惊山鸟，时鸣春涧中。——《鸟鸣涧》
> 返景入深林，复照青苔上。——《鹿柴》

王维的诗固然"美极"矣，但却如何"妙得禅家三昧"的呢？三昧乃为梵语 sumadhi 的音译，意译即为禅定。关键就在于"无相之美"的呈现，让人萌生"万念俱寂"之感；关键还在于"象外之象"的生发，让人顿有"妙悟弦外"之意。

六祖《坛经》就主张"无相为体"，那么，究竟何为"无相"？解答是："但离一切相，是无相；但能离相，性体清净。此是以无相为体。"[1]这就意味着，无相就是不取事相之意，"离一切相"就需"超以象外"，才能觉知"性体清净"的禅境。

王维的禅诗，就是对于这般"禅境"的显现。在花落山空、月出春涧的"实境"里面，王维的确将万物因缘生灭的"相内"勾勒了出来，但万物却没有一成不变的"住"，这层"性空幻有"之"虚境"，却蕴含在虚实之间与动静之际当中，所以方有"景外之景"与"味外之味"。

---

[1] 慧能著，郭朋校释：《坛经校释》，中华书局 1983 年版，第 32 页。

如此美化的"妙得禅家三昧"之境，尽管是以"静的姿态"的方式得以现身的，但却仍需要"动的点化"，这就是"禅之美"的动静之相成：

> 禅的本质在于动进的心对于世间的不取不舍的妙用，它表现在游戏三昧中。在三昧中，禅有当体美或美学情调可言，这即是三昧主体在泯除一切意识分别而达致的心境浑一、物我双忘的境界。这是相对意义的静态的美。另一方面，禅人在游戏中常起机用，施设种种方便以点化众生，此中亦有一种心灵的灵动机巧的美可言，这是游戏的美感，相对意义的动态的美。[1]

的确，禅是一枝花，在诗界得以绽放，元好问所说"禅是诗家切玉刀"，此言也是不错的，王维的诗甚至较之多数的禅僧之作更有"禅意"。贯休这位禅、画、诗兼修的禅者，在《秋晚野居》五言小诗里面，却也达及了王维所感悟之境，真可谓"诗为禅家添花锦"也：

> 僻居人不到，
> 吾道本来孤。
> 山色园中有，
> 诗魔象外无。[2]

实际上，"禅的境界，超越我们习见分别之事事物物的通常意义，而让宇宙万物复其真空妙有，也使自己复其真空妙有，并且人物自然融合在真空妙有中，而流露出真空妙有的情趣。"[3] 在此，"真空妙有"是对于禅宗境界的审美特征之描述，这种"大圆镜智"之境，"圆融无

---

[1] 吴汝钧：《游戏三昧：禅的美学情调》，《国际佛学研究》1992 年 12 月第 2 期。

[2] 陆永峰：《禅月集校注》，巴蜀书社 2006 年版，第 327 页。

[3] 杨庆丰：《佛学与哲学：生命境界的探寻》，顶渊文化事业有限公司 1987 年版，第 106 页。

碍"之境，真可谓是"千江同一月，万物尽逢春"呀！

在诗歌之外，绘画也能与"禅境"相通。宋代文人苏辙就曾题唐代画家李公麟《山庄图二十首》，其中的《墨禅堂》有言："此心初无住，每与物皆禅。如何一丸墨，舒卷化山川。"禅意自宋以后成为文人与画匠所共求之事。禅诗与禅画，在中国传统当中都蔚为大观。

作为"诗佛"的王维，更是位重要的画家，尽管确凿的画迹难以肯定。后代画家董其昌在《画禅室随笔》里面大胆地区分出画分"南北宗"，并极力推重南宗绘画，以王维作为鼻祖，因为王摩诘始用渲染，一变勾斫之法，其传为张璪、荆浩、关仝、董源、巨然、郭忠恕、米家父子，以至元之四大家。

姑且不论"南北分宗"确切与否，王维之画在禅宗美术流变当中的确具有滥觞地位，难怪汉学家邢文就将王维的"雪中芭蕉"作为"中国禅画研究的标志性起点"，并且将"禅画的时空观"当作"中国禅画研究的关键性切入点"。[1]

非常有趣的是，根据沈括的记载，王维画有雪中芭蕉，"书画之妙，当以神会，难可以形器求也……予家所藏摩诘画《袁安卧雪图》有雪中芭蕉，此乃得心应手，意到便成，故造理入神，迥得天意"[2]。由此，邢文就提出了一个有趣味的问题：为何芭蕉这种性喜温暖、不耐严寒的植物，居然被王维画到了雪中呢？

答案就在于，王维深谙佛禅之道：一方面，从时间上看，"雪中芭蕉"消弭了四时寒暑的差别，邢文将之追溯到《华严经》的"无量劫一念，一念无量劫"；另一方面，从空间的维度来看，"雪中芭蕉"超越了南北地理的局限，这又可以追溯到《华严经》的"种种庄严刹，置于一毛孔"，而这"时空一体"，恰恰就象征了禅画所独具的"时空观"。

在禅宗传到东瀛之后，逐渐形成了久松真一所谓的"禅文化群"，

[1] 邢文：《雪中芭蕉：唐人禅画的时空观及中国禅画的基本线索》，《民族艺术》2013 年第 2 期。

[2] 沈括著，金良年点校：《梦溪笔谈》，中华书局 2015 年版，第 159 — 160 页。

具体包括宗教、哲学、伦理、作法、诸艺、文学、书画、建筑、造庭（庭院）、工艺等等，由此可见，禅美学扩大到了文化的各个领域。

更为重要的是，久松真一认定，尽管这些不同的禅文化有不同的表现，但是它们却有共通的性格，分别是不均齐、简素、枯槁、自然、幽玄、脱俗、静寂。与此同时，禅文化所立根的"无相的真我"有七个面相，分别是无轨则、无错综、无位、无心、无底、无障碍、无动荡，这七个面向恰恰是与七个性格相对应的：

        无轨则——不均齐

        无错综——简素

        无位——枯槁

        无心——自然

        无底——幽玄

        无障碍——脱俗

        无动荡——静寂[1]

这就高度概括了禅文化与禅艺术的特质，当然日本与中国的禅宗艺术是纠结在一起的，许多中国禅宗名作都东传到了日本并被尊为典范。上面除了第一条"不均齐"与第五条"幽玄"之外，中日禅美学特质是相当接近的。中国古典艺术更追求"均齐之美"，这恰恰与日本艺术构成了基本差异之一，而且，"幽玄之美"更能体现出日本美的独特境界。

毫无疑问，简素、枯槁、自然、脱俗、静寂的审美特质，是为中日禅文化与禅艺术所共享的。日本的"禅美学"的特性，可以被归纳为：脱俗、苍古、空寂、幽阒、闲寂、古拙、素朴、没巴鼻（类似于不可捉摸与不可测度之意）、没滋味、也风流、端的（基本等同于直率抑或直接）、洒脱、无心、孟八郎（大概就指不受束缚而浪荡不羁之意）、

[1] Shin'ichi Hisamatsu, Zen and Fine Arts, Kodansha International Ltd., 1982, pp.53–59.

沈周《袁安卧雪图》明代　私人收藏

傅抱石《袁安卧雪图》近现代　私人收藏

傲兀、风颠、担板（意为不屈不挠）与清净[1]，这诸种特质都可以在中国禅那里找到源头。

以抽象的审美取向为例，置身于日本的枯山水庭院当中，你便会感悟到禅意的抽象之美。枯山水园便是日本独有的一种园林建制。

所谓"枯山水"，顾名思义，就是干枯的庭院山水，其中最重要的特点就是没有用水，甚至连草木也被排除在外。最常见的枯山水，乃是用山石与白砂为主，象征自然景观。石头可以寓意为山川与飞瀑，关键还是白砂的应用。白砂被铺于地上，再用非常重的爬犁"耕过"，其所形成是线条与肌理，可以象征大海、川河，乃至云雾。

当我第一次直面日本京都的龙安寺石庭时，就被日本禅宗所追求的绝对美感征服了。庭中那些白砂就象征着汪洋，而那五组顽石就象征着海屿，这是一派安静的海景之色。所以说，枯山水其实"不枯"，因为它在你内心所形成的意象是湿漉漉的。

那整座庭院被抽象出的形式美感，的确走向了东方的"极简主义"。我从方丈堂那里"平视"整个石庭之时，五组顽石与两块浮石，像是从海中耸立起来，真是一番海之美景。它们既像海与岛，又有所简化，既不像海与岛，又即见即是，那石头边的小草更似岛屿上的林木。

就这样，我坐在那里凝视了许久许久，无需言语，内心体会就是——这就是"禅"的心胸吧？所谓"道由心悟"，禅宗之道终有心"悟"，也是心"生"。突然想起了《景德传灯录》里面有个记载，问："如何是双峰境？"师曰："夜听水流庵后竹，昼看云起面前山。"[2]大概当年的方丈，无语、观庭、静思之时，也做此想吧……

好一番"禅境世界"！

---

[1] Shin'ichi Hisamatsu, "On Zen Art", in The Eastern Buddhist, Vol. Ⅲ, No.2, Spt. 1966, pp.32–33.
[2] 道原著，顾宏义释注：《景德传灯录译注》，上海书店出版社 2010 年版，第1714 页。

"无住为本"的生活美源

中国禅学是"生活化"的佛学，也是中国"生活美学"生生不息的源泉之一。儒家生活美学与道家生活美学都是从本土的主干上生发出来的，唯有禅宗生活美学的根基来自印度佛教，但是禅宗本身却是中国人对于佛教的创造性的转化。

禅宗生活美学的境界，绝不是平常的"诗境"，也不是寻常的"画境"。换句话来说，这种美学并不只是针对东方艺术的美学，而能直接生发出生活本身的广义美感。"禅是来自最深远的美学体系之一，趣旨于伟大的中国山水画、日本的花艺与茶道，以及东方人的内在韵律。所有这些，也都很对，但那并不是禅的本身。"[1]

真正的禅本身，就显现于日常生活当中，而真正的禅宗，就是一种生活化的艺术。或者这样说更为准确，禅宗就是一种审美化的生活，这种生活虽照而常寂，虽寂而常照，所谓"千姿万态皆虚幻，一念悟空即真实"！

唐代有两位著名的高僧——寒山与拾得，他们对于禅宗生活本身的美感都颇有心得，寒山深感禅宗之路的艰辛，若要真正地参禅，"还得到其中"：

> 人问寒山道，
> 寒山路不通。
> 夏天冰未释，
> 日出雾朦胧。
> 似我何由届，

---

[1] [美] 保罗·李普士编，叶青译：《禅的故事》，吉林出版集团 2009 年版，第 155 页。

与君心不同。
君心若似我，
还得到其中。[1]

拾得则体味到了"悟禅"之后的快慰与超脱：

悠悠尘里人，
常道尘中乐。
我见尘中人，
心生多愍顾。
何哉愍此流，
念彼尘中苦。
……
猿啼唱道曲，
虎啸出人间。
松风清飒飒，
鸟语声关关。
独步绕石涧，
孤陟上峰峦。
时坐盘陀石，
偃仰攀萝沿。[2]

所以说，在禅的境界，即是"一花一世界，一叶一如来"活生生的体现。因此，禅的境界即是一种审美的境界，"因此，自然处处无非禅机，妙行所及，处处无非禅悦"[3]。用宋代洪寿禅师的诗来解，那就

---

[1] 寒山著，郭鹏注：《寒山诗注释》，长春出版社 1995 年版，第 11 页。
[2] 安祖朝编注：《天台山唐诗总集》，浙江古籍出版社 2018 年版，第 928 页。
[3] 杨庆丰：《佛学与哲学：生命境界的探寻》，顶渊文化事业有限公司 1987 年版，第 106 页。

是"扑落非他物，纵横不是尘。山河及大地，全露法王身"[1]。生活本身的妙悦自在，也由此而生发出来。

这种审美化的生活，本身就是一种自由而无形的"大艺术"，就是一种"无住为本"的最高艺术！"无住"这个词，原本来自《维摩经》，该经有云："从无住立本一切法"。《金刚经》上亦言："无所住而生其心。""无住"言说的不仅是生活境界，而且也是精神境界。

如果说，禅宗本身就是一门艺术的话，那这门艺术所把握的就不仅是诗、画、园、茶、花，而是整个的人生境界。"禅宗生活美学"是力求把握生命整体的生活艺术——"无住的生活艺术"。由此，禅宗才成了中国人生活中活生生的"美源"。

"行到水穷处，坐看云起时"，无论是行到的空间，还是坐下的时间，都把握到了生活艺术化的极致——时空一体化。无门禅师说得好："春有百花秋有月，夏有凉风冬有雪。若无闲事挂心头，便是人间好时节。"当禅宗将顿悟之情还原到日常生活当中的时候，那便能有"日日是好日"之感。

这就要回到六祖禅宗所提出的中国禅的基本理念，六祖慧能说得最明确不过："我此法门，从上以来，顿渐皆立无念为宗，无相为体，无住为本。"[2]我们前面已经谈过了"无相之美"，再来看看"无念"与"无住"。

实际上，从"无念""无相"到"无住"本是个层层提升的过程，"无念"还只是个基础，是入门的法门，"无相"则把握到了"体"，只有"无住"方是根本。

从"无念"到"无相"，六祖解得精妙："前念不生即心，后念不灭即佛。成一切相即心，离一切相即佛。"[3]这就将"无念"上升为了"无相"。无念要去除的就是内心之妄念，这些妄念来自眼、耳、鼻、舌、

[1] 普济编，苏渊雷点校：《五灯会元》，中华书局1997年版，第620页。

[2] 慧能著，郭朋校释：《坛经校释》，中华书局1983年版，第31页。

[3] 普济编，苏渊雷点校：《五灯会元》，中华书局1997年版，第84页。

身、意的"六识"，这"六识"缘于色、声、香、味、触、法"六尘"而显现于心的，所以各种妄念才由此"缘境"而生。

禅宗之所以"不立文字"，一方面与"无念"之寻是相关的，另一方面则与"无相"之求是相系的，但最终都是直指人心的。如圆悟禅师所言："达摩西来，不立文字语句，唯直指人心。若论直指，只人人本有无明壳子里，全体应现，与从上诸圣不移易丝毫许。所谓天真自性，本净明妙，含吐十虚，独脱根尘，一片田地。"[1]

以"无念"作为根基，把握到"无相之美"后，禅宗最终要求乃是自由的审美境界，六祖所

梁楷《六祖截竹图》南宋 现藏于日本东京国立博物馆

说的"内外不住，来去自由，能除执心，通达无碍"[2]，就是如此。难怪怀海禅宗也要求"处心自在"，要求"觉性自己"，由此方能"去往自由，不为一切有为因果所缚"。按照他的说法，"若垢净心尽，不住系缚，不住解脱，无一切有为、无为解。平等心量，处于生死，其心自在。"[3]

这种自由之境要求上升到"无住为本"的最高境界。最后，我们想用腾腾和尚的《了元歌》来终结此章，它为我们明示出禅宗究竟如何成了"无住的生活艺术"：

---

[1] 中国诗统一文化研究所编：《圆悟禅师心要》，1992年编印版，第32页。

[2] 慧能著，郭朋校释：《坛经校释》，中华书局1983年版，第56页。

[3] 静筠二禅师编，孙昌武等点校：《祖堂集》，中华书局2007年版，第642页。

修道道无可修，问法法无可问。
迷人不了色空，悟者本无逆顺。
八万四千法门，至理不离方寸。
识取自家城郭，莫谩寻他乡郡。
不用广学多闻，不要辩才聪俊。
不知月之大小，不管岁之余闰。
烦恼即是菩提，净华生于泥粪。
人来问我若为，不能共伊谈论。
寅朝用粥充饥，斋时更飧一顿。
今日任运腾腾，明日腾腾任运。
心中了了总知，且作伴痴缚钝。[1]

　　禅宗之美，并不是超世之美，而是此世之美。生活之美的禅宗极境，乃是在生活美感的滋养当中，所成就的一种"无住为本"的生活艺术！

[1] 道原著，顾宏义释注：《景德传灯录译注》，上海书店出版社 2010 年版，第 2437 页。

下篇

美化生活：

悦身心·会心意·畅形神

第四章

从『诗情画意』到『文人之美』

诗是无形画，画是有形诗。

——郭熙《林泉高致》

位在枢府，才为文师。兼古人之所未全，尽天力之所难致。文人之美，夫复何加。

——苏辙《贺欧阳副枢启》

中国文人书画，书中当有画意，画中当有诗意。

——黄宾虹《宾虹书简》

说"文人"

文人自古多薄命。中唐宝应元年（公元 762 年），落魄不羁的李白已经六十二岁了。这年十一月，他浪游到当涂（今安徽马鞍山当涂县）境内，病死，葬在龙山脚下，后来又迁葬青山南麓。半个多世纪后，时任江州（今江西九江）司马的白居易写了一首著名的《李白墓》诗：

> 采石江边李白坟，绕田无限草连云。可怜荒垄穷泉骨，
> 曾有惊天动地文。但是诗人多薄命，就中沦落不过君。[1]

读过这首诗的人大概都会被它所流露的伤悼、哀婉、痛惜，乃至愤激之情所感染。这一点我们暂且按下不表，只说些疑惑——李白墓不是在青山么？青山在当涂县东南，而采石矶却在当涂西北大江中，难道李白还有两处墓地不成？再不就是白居易记错了？

这一年，白居易不过四十七岁，正是壮年，似乎还不到年老昏聩的地步。再说，同时代的诗人项斯也在采石江边见过李白墓，他在《经李白墓》一诗中明确说："夜郎归未老，醉死此江边"[2]。这就印证了白居易诗中"采石江边李白坟"的说法，却又带来了新的问题：李白究竟是病死的，还是醉死的？《旧唐书》中说他"饮酒过度，醉死于宣城"；唐末五代时期王定保的笔记《唐摭言》中给出的说法更具体：

> 李白着宫锦袍，游采石江中，傲然自得，旁若无人，因醉水中捉月而死。[3]

---

[1] 白居易著，朱金城笺校：《白居易集笺校》第 2 册，上海古籍出版社 1988 年版，第 1099 —1100 页。

[2]《全唐诗》（下册）卷五五四，上海古籍出版社 2006 年影印版，第 1417 页。

[3] 王琦：《李太白年谱》，王琦注：《李太白全集》（下册）卷三十五，中华书局 2003 年版，第 1612 页。

李白在《将进酒》里说过，"五花马，千金裘，呼儿将出换美酒，与尔同销万古愁"，这里所说的"千金裘"，大概就是李白死时所穿的"宫锦袍"。据说李白深得唐玄宗的赏识，被赐御衣，应该是莫大的荣耀。但那终归是二十多年前的旧事了。至于李白的死因，历来的研究者都认为是疾病，而并非醉酒。

那么，人们为什么更愿意相信李白是饮酒大醉，捉月而死的？采石江边又为何出现了一座李白墓？

中国现代诗人、学者闻一多先生写过一首《李白之死》。诗歌从李白的诗句"醉月频中圣，迷花不事君"发挥开来，写他在花前月下狂饮不止，醉得如泥，一生的偃蹇蹉跎——浮现眼前，他愤懑、悲怆、癫狂，痛诉不公的命运……结尾处写得尤其哀婉伤情：

> 沉醉的诗人忽又战巍巍地站起了，
> 东倒西歪地挨到池边望着那晶波。
> 他看见这月儿，他不觉惊讶地想着：
> 如何这里又有一个伊呢？奇怪！奇怪！
> 难道天上有两个月，
> 我有两个爱？
> 难道刚才伊送我下来时失了脚，
> 掉在这池里了吗？——这样他正疑着
> 他脚底下正当活泼的小涧注入池中，
> 被一丛刚劲的菖蒲鲠塞了喉咙，
> 便咯咯地咽着，像喘不出气的呕吐。
> ……
> 他翻身跳下池去了，便向伊一抱，
> 伊已不见了，他更惊慌地叫着，
> 却不知道自己也叫不出声了！
> 他挣扎着向上猛踊，再昂头一望，
> 又见圆圆的月儿还平安地贴在天上。
> 他的力已尽了，气已竭了，他要笑，

笑不出了，只想到："我已救伊上天了！"[1]

显然，"圆圆的月儿"就是那纯粹无瑕的美的理想，诗人要将这沉沦在池水中的理想打捞出来，重新高举于天幕。他的死，与其说是"醉死""捉月而死"，毋宁说是为了拯救世间沉沦的美的理想而慷慨就义！

闻一多是学贯中西的渊博学者，他怎么也同普通大众一样，相信李白之死的传说？他在这首诗的小序里说："世俗流传太白以捉月骑鲸而终，本属荒诞。此诗所述亦凭臆造，无非欲借以描画诗人的人格罢了。读者不要当作历史看就对了。"[2]显然，他明白传说不是历史。历史是如实地记录已经发生的事，而传说则按照人们的想象来编织故事。李白这样飘逸不群、风流倜傥的人，怎么能像普通人那样病死在床榻之上？捉月而死，才更符合他的人格和风骨，才能满足人们对于文人的期待。

这期待里，寄托的是人们对自古文人多薄命的历史现象由衷的不满。人们不愿意相信，给世间创造了无尽之美的天才会这样平淡无奇地死去。于是就有了李白捉月而死的故事，甚至有了死后骑鲸仙去的传说。采石江边，也多出来一座纪念性的坟茔，用来纪念这位伟大的诗人。[3]

文人，因其生前对美的创造，而在其身后获得了不朽。这赋予其灵魂、人格不朽的力量源泉，就是他所创造出来的美的艺术——文人，就是妙笔生花的人。

我们知道，"艺术家"是靠"艺术"来安身立命的，那文人之所以成为一个特定的群体，依靠的又是什么呢？

---

[1] 闻一多：《红烛》，孙党伯、袁春正主编：《闻一多全集》第1册，湖北人民出版社1993年版，第17—18页。

[2] 孙党伯、袁春正主编：《闻一多全集》第1册，湖北人民出版社1993年版，第10页。

[3] 朱金城：《"采石江边李白坟"辨疑》，《白居易研究》，陕西人民出版社1987年版，第280页。

范宽《雪景寒林图》北宋 现藏于天津博物馆

道“文采”

　　文人安身立命，当然依赖于其作品——艺术品。在中国古代，并没有“艺术品”这样的说法，但中国古人对这种“美的形式的创造”并非没有认识和体会，他们所用的概念，是一个我们沿袭至今却常常提不起注意的词汇——文采。

　　什么是文采？先看“文”。文最初的意思是指事物纵横交错所呈现出来的纹理、形象。在中国古人的观念中，自然、社会和人类个体等一切具有多样性统一的特点的现象和事物，都可以称之为“文”。比如《文心雕龙》中就说“文”的意义极其重大，它是“与天地并生”的：

> 　　夫玄黄色杂，方圆体分，日月叠璧，以垂丽天之象；山川焕绮，以铺理地之形，此盖道之文也。仰观吐曜，俯察含章，高卑定位，故两仪既生矣。惟人参之，性灵所钟，是谓三才。为五行之秀，实天地之心，心生而言立，言立而文明，自然之道也。傍及万品，动植皆文。[1]

　　这段话的意思是说，从宇宙混沌未开，到天地分判，便有了天圆地方之文；从天来说，日月交相辉映，展现着天的绚烂之文；从地来说，绵延纵横、高低起伏的壮丽山河，构成了大地之文；这些都可以称为大自然本身的韵律和纹理，也就是自然之文。人仰观天象，俯察地理，确定了人类社会的高低、尊卑秩序，这就是所谓的“人文”。因为只有人具有能领悟天地之道、效法自然之文的能力，所以人就成了万物之灵长，与天、地并称“三才”。人既然参透了天地之心，就必然要心

---

[1] 范文澜：《文心雕龙注》（上册）卷一，人民文学出版社1958年版，第1页。

有所思、口有所言，把这些思想和观念用语言表达出来，就把"文"的奥妙说尽了。更具体地说，不止天、地、人是"文"的创造者，自然万物也都有自身的形式之美，一切视听形象，只要诉诸人的知觉，都可以构成优美之"文"——文就是美的形式，这形式既包括视觉景观，也涵盖了声音、节奏和韵律。

在这段话结尾，刘勰又提到另一个词儿——采。它与"文"是同义词，都是用来表述事物的形式之美的。如果说"文"偏重纹理的纵横交错，那"采"则主要针对色彩、光泽而言。"文"与"采"的结合——"文采"——就成了中国古人用来言说一切形式之美的核心概念。比如，说服饰的华丽，人们会称之为"锦绣文采"；说音乐旋律的绚丽，人们会称之为"文采节奏"；说文章的辞藻之美，人们也会使用"文采"一词。[1]

实际上，"有文采""文采斐然"的人，就是文人。

因为文采主要是指形式之美，所以文人也就是指那些能够创造出具有优美形式的艺术品，或者言行举止体现出浓郁的艺术气息的人。这些人或是给人提供美的艺术品，或是让人领略到人物的风姿之美，自然是备受欢迎的。就像是李白，即使不幸去世，人们也还要替他编织一个优美动人的结局，让他在人们的想象中延续着他的人格之美。

---

[1] 参见《辞海（1999 年版普及本）》，上海辞书出版社 1999 年版，第 4367 页。

吾家有趙集賢水村圖
及文太史臨本皆倣桐
川潭華三卷久已失之
彷彿為此 甲子六月偶記
玄宰

董其昌《仿古山水册·仿赵孟頫》明代 现藏于台北故宫博物院

诗、书、画：文采之"三绝"

中国传统文人对文采抱有相当坚定的信仰。刘勰曾经说："文之为德也大矣，其与天地并生。"[1]也就是说，文采是"道"的直观显现，与天地并生，与日月同辉。这样便为自己的事业找到了一个理直气壮的来路——"人文之元，肇自太极"[2]。"太极"就是"道"，是宇宙万物的本原。原来，优美的辞藻、悦目的画面、婉转的乐音、灵动的书法等，不仅能给人带来直观的美的体验，还大有来头，竟然能与"道"贯通起来！

这样说很有些狐假虎威的意味。文人为何要拉大旗作虎皮？恐怕是对当时所流行的"文人轻薄"一说的回应。我们且不去管它，只看文人之美，也就是文采是通过什么方式展现出来的，又是否像他们自己标榜的那样与"道"沾亲带故？

这里我们要提及一位著名的唐代文人郑虔。郑虔字弱齐，郑州荥泽人，博学多识，擅长诗、书、画，兼通天文、地理、军事、历史等。据说他早年练习书法和绘画时，苦于没有纸张，便天天跑到大慈恩寺去，因为那里储藏着大量的柿叶，满满当当堆了许多房间。郑虔每天都在柿叶上练笔，时间长了，竟然把这慈恩寺多年积攒下的家当涂抹殆尽！[3]这就像王羲之"墨池"、怀素"笔冢"一样，艺到精处，皆可成名。郑虔靠这样的苦练，逐渐崭露头角。唐玄宗深爱其文采，又苦于没有合适的职位，于是就专门设立了广文馆，命他担任广文馆博士。

史书中记载广文馆，说："久之，雨坏庑舍，有司不复修完，寓治

---

[1] 范文澜：《文心雕龙注》（上册）卷一，人民文学出版社 1958 年版，第 1 页。

[2] 范文澜：《文心雕龙注》（上册）卷一，人民文学出版社 1958 年版，第 2 页。

[3]《新唐书·文艺传》第 18 册，中华书局 1975 年版，第 5766 页。

国子馆，自是遂废。"[1]现实跟郑虔开了个玩笑，让他成了历史上第一位，也是最后一位广文馆博士，并且连专属的办公场所都没有。郑虔的官僚生涯之冷清、郁闷是有目共睹的，他的朋友杜甫在一首诗中写道：

> 诸公衮衮登台省，广文先生官独冷。甲第纷纷厌梁肉，广文先生饭不足。先生有道出羲皇，先生有才过屈宋。德尊一代常坎坷，名垂万古知何用。[2]

杜甫也是以怀才不遇知名于世的文人，他与郑虔同病相怜，惺惺相惜。从诗歌的描述来看，郑虔的官职卑微，待遇也很差，常常吃了上顿没下顿。这样的朋友聚在一起，不免痛饮酒、大发牢骚。不过，如果郑虔仕途坦荡，他恐怕就不会有如此多的心思、时间和精力来吟诗作画了，他的文采也会大打折扣。郑虔曾经做过一幅画，又题写上自作诗，献给唐玄宗，后者观览后拍案叫绝，认为他的诗歌、书法和绘画都妙绝一时，提笔在画卷末端写下："郑虔三绝"。

这是对文人之成就最恰切的肯定和褒奖吧！宋代有人说过，郑虔"高才在诸儒间，如赤霄孔翠，酒酣意放，搜罗万象，驱入毫端，窥造化而见天性。虽片纸点墨，自然可喜"[3]。这就不仅仅是从技术的角度推崇郑虔的画艺了，而是认为"郑虔三绝"呈现了宇宙自然之道的奥妙与趣味。郑虔挥毫作画的时候，突破了技术的限制，自由自在、搜罗万象，在纸面上呈现出了一个生机盎然、气象生动的宇宙景象！

也正因此，诗、书、画"三绝"，成为中国文人艺术成就的代名词。明代大艺术家徐渭曾经自我标榜说："吾书第一，诗二，文三，画四。"

---

[1]《新唐书·文艺传》第18册，中华书局1975年版，第5766页。

[2] 杜甫：《醉时歌》，钱谦益：《钱注杜诗》（上册）卷一，上海古籍出版社1979年版，第14—15页。

[3] 郑刚中：《论郑虔阎立本优劣》，俞剑华编著：《中国画论类编》（上册），人民美术出版社2004年版，第69页。

徐渭《墨荷图》明代 现藏于故宫博物院

这种夫子之言大概可信，但后人在评价徐渭时，依然更愿意从诗、书、画的角度来加以点评，不经意间忽略掉了他的散文成就。如袁宏道说他的书法"笔意奔放如其诗……诚八法之散圣，字林之侠客"，张岱说他"书中有画，画中有书"[1]等。我们都知道，世人称许王维的作品为"诗中有画，画中有诗"，到了徐渭这里，诗、书、画三种艺术形式的界限显然被全部打通，诗情、画意、书艺合而为一，泯然无间，达到了中国文人之美的最高境界！

[1] 莺谷：《旷世奇才——诗书画三绝的徐渭》，《美术大观》2000 年第 1 期。

诗的历史鸟瞰

中国是一个富有诗的气息的国家，中国人的诗性精神、中国文化的诗性品格，早在先秦时代就已经奠基了。[1] 闻一多先生曾经说过：

> 《三百篇》的时代，确乎是一个伟大的时代，我们的文化大体上是从这一刚开端的时期就定型了。文化定型了，文学也定型了，从此以后二千年间，诗——抒情诗，始终是我国文学的正统的类型，甚至除散文外，它是唯一的类型……诗，不但支配了整个文学领域，还影响了造型艺术，它同化了绘画，又装饰了建筑（如楹联、春帖等）和许多工艺美术品。[1]

闻一多先生说得很明确，从《诗经》时代开始，中国文学和文化的主流，就流淌在诗歌的河床上。中国文学、文化的其他类型，无不浸润着诗歌的特质和精神。因此，整个中国文化，都可以称之为"诗文化"。这里所说的诗文化，不单单是说诗歌构成了中国传统文化形态的主要样式，而且更是说，诗的精神，弥漫、扩散、渗透到中国传统文化和古代中国人生活的每个细节、每处角落，成为中国传统文化的底色和原色。

在中国古代，"诗人"几乎是"文人"的同义词。传统时代的诗人，可能不会画画，在书法上也造诣平平，但这并不影响他的文人地位。然而，对于一个以书法、绘画为生的人来说，不会作诗，大概就不能称其为"文人"，而只能算作"匠人"一流了。文人是艺术家，是富有原创

---

[1] 林庚：《中国文学史》，大道印务公司 1947 年版，第 30 页。

[2] 闻一多：《文学的历史动向》，孙党伯、袁春正主编：《闻一多全集》第 10 册，第 17 页。

精神和创造力的，而匠人则只是庸庸碌碌地复制艺术家创意和作品的手工业者。

中国诗文化的第一个高潮，在先秦时代。《诗经》和楚辞，构成了中国诗文化历史第一个波峰上并峙的两座里程碑。《诗经》主要是生活在北方黄河流域的民众或贵族阶层的作品，其中绝大部分作品，是没有明确的作者的。而楚辞则是南方长江流域的贵族或上层士人阶层的作品，它从一开端——屈原那里——便打上了鲜明的个体色彩。

《诗经》的作品，包罗万象。有情歌，如《周南》中的《关雎》、《秦风》中的《蒹葭》、《邶风》中的《静女》、《卫风》中的《硕人》等，留下了"关关雎鸠，在河之洲；窈窕淑女，君子好逑"与"蒹葭苍苍，白露为霜；所谓伊人，在水一方"等深情缱绻的清词丽句；有农事和劳作的体验，如《豳风》中的《七月》，《小雅》中的《楚茨》等，截取了农业生产生活中的劳动场景，呈现出古典情境中人们为了追求"多黍多稌"而付出的艰辛与乐观的信念；有政治抒情诗和讽刺诗，如《王风》中的《黍离》、《魏风》中的《硕鼠》《伐檀》等，吟唱着"知我者为我心忧，不知我者谓我何求"的人生失意，以及"硕鼠硕鼠，无食我黍"的愤激不平；有记述战争的创伤，如《豳风》中的《东山》和《小雅》中的《采薇》，行旅中的诗人低吟"我徂东山，慆慆不归；我来自东，零雨其蒙""昔我往矣，杨柳依依；今我来思，雨雪霏霏"的词句，感物惊时，想起了远方的故土和亲人；也有波澜壮阔的史诗，如《大雅》和《商颂》《周颂》中的作品，颂扬先祖的英武和开拓精神……可以说，《诗经》所开辟的文艺精神，是把日常生活、世俗人生中的经验和感喟艺术化、审美化，在平凡的世界中开辟了一块诗意的沃土。

而楚辞，比起《诗经》的宽阔生活和人生体验，则是一盏聚光灯，将焦点投射在人生的失意和感慨上。《离骚》，据说就是一篇"牢骚语"[1]，是屈原在楚国国君昏庸、奸邪当道的阴暗政局中郁郁不得志的内心写照。他的《九歌》与《天问》等作品，虽然光怪陆离，笔触从人

---

[1] 游国恩：《楚辞概论》，北新书局 1926 年版，第 155 页。

间游移到神话传说、上古逸闻等，但其中所寄托的悲愤、失意、无奈的心绪，却是一以贯之的。屈原所留下的"芳草美人"之喻，与《诗经》的赋、比、兴等文学表现手法，共同开辟了中国诗文化的广阔路径。中国诗学，向来被称为"风骚"传统，"风"是指《诗经》的"国风"；"骚"，就是指楚辞的《离骚》。"风骚"传统，就是指抒情的，把生活和人生的感悟用艺术的方式表现出来的艺术精神。

魏晋南北朝时期是中国诗文化的第二个高潮。这一阶段，上承两汉赋体文学兴起所带来的诗的短暂消歇，下启唐代的诗国高潮。两汉时期，从楚辞中生发、演进而形成的铺张扬厉的赋成为时代文艺的主流。赋就是排演、铺陈，把《诗经》中"赋"的文学手法，与楚辞宏大、富丽的篇章形式糅合在一起，发展到了极致。司马相如、班固等人是汉赋中的高手，他们的特长在于铺陈汉代都城的繁华、宫室苑囿的巨丽，描摹林林总总的物象。他们沉浸在两汉开拓进取的时代精神中，却在某种程度上淹没了文人的个性。到了汉代末年，随着国势的衰弱、社会的动荡，人们终于在时代的伤痛中又体会到了个人生活、人生经验的价值。魏晋时代的"三曹"，曹操、曹丕和曹植，以及"建安七子"，共同谱写了一曲"建安风骨"的慷慨悲歌。在他们的诗篇中，我们重新看到民生凋敝、流离失所的社会境况，体会到个体面对历史和社会的无奈和反拨，品味到人生之短暂的感伤。如果把这一时期称之为"人生的觉醒"，大概是不为过的。

魏晋以后，中国的文人致力于诗歌形式的精致化、优雅化。诗歌在描摹物态、传达情感上的精准度，与声音、音乐的和谐，一齐积蓄着力量。陶渊明、谢灵运、谢朓、鲍照、沈约、庾信等为数众多的诗人，俊采星驰，划过天幕，在梁代昭明太子萧统编选的《文选》中各显风骚，成为有唐一代文人师法的典范。古代有俗语云：《文选》烂，秀才半。这就像后来我们经常所说的"熟读唐诗三百首，不会作诗也会吟"。

初唐时期，陈子昂和"四杰"王勃、杨炯、卢照邻、骆宾王一登场，就洗去了南朝的鲜秾与绮艳，重振了文人的风骨。我们在"前不见古人，后不见来者。念天地之悠悠，独怆然而涕下"的慷慨悲歌中（《登幽州台歌》），隐约体会出唐代文人独步古今的雄心。

张渥《九歌图卷》局部 元代 现藏于吉林省博物馆

终于，盛唐的帷幕拉开，三位中国诗文化的顶级人物，"诗仙"李白、"诗圣"杜甫和"诗佛"王维闪亮登场。诗仙、诗圣和诗佛等称谓，鲜明地概括出中国诗文化的三个文化和精神的源头活水。

飘逸不群、纵横捭阖的李白，更多体现了道家的超迈，日常生活、世俗人生的美与乐，他尽情地经验、享受着，却从不执着于迷恋，他说"仰天大笑出门去，我辈岂是蓬蒿人"！这是怎样的洒脱与奔放？前面说，李白之死，留下了极具浪漫色彩的传说，这传说的背后，就是人们对于他的一贯印象的延续。

而杜甫则是一位行走在苍茫大地上的诗人。他心忧社稷、关怀民生，在安史之乱的大动荡中，举家迁徙、漂泊，一路上目睹人间的悲剧，写下了著名的"三吏"与"三别"，这是杜甫的个性所在，他要用笔，来记录人民的苦难。他有"致君尧舜上，再使风俗淳"的理想，却没有"大鹏一日同风起，扶摇直上九万里"的机遇，只能用他潦倒的人生，丈量中国河山的幅员。他写过"国破山河在，城春草木深"的诗句（《春望》），由衷地表达了对战乱的厌倦，对山河依旧、文化和价值永恒的信念；他惊叹于大江滩头"无边落木萧萧下，不尽长江滚滚来"的崇高风景（《登高》），在这浩瀚的时空中反思人生的限度；他在迁徙流离的途中，得到一处歇脚地时，也会放松神经、调息心境，暂享"窗含西岭千秋雪，门泊东吴万里船"的闲适恬淡（《绝句》），体味日常生活

陈洪绶《屈子行吟图》版画 明代

的美好……杜甫在诗中把个人、家国与天下的同一和差异极具艺术魅力地展现出来，因此他被奉为"诗圣"——"圣"就是"周情孔思"，是类比周公、孔子一流的人物。

王维有李白的飘逸，却并不激烈、直接地展现；有杜甫对世俗人生、日常生活的热爱，却不愿意与更多的人扯上关系。这大概要追溯到他所深受的佛教文化的影响上。王维出身于佛教信徒家族，清修与禅悟是他的日常行为。他把别墅建造在远离都市喧嚣的郊外，在秀丽的竹林中，在明媚的山水间。出仕做官对他来说，似乎只是一种"职业"，是谋生的手段。那些附加在其上的价值、道德和伦理考量，比如"兼济天下""心系民生"等，在他看来大概只是佛教所强调的痴与妄。

盛唐向来被称作"诗国高潮"。在春潮般泛滥的诗歌洪流中，李白、杜甫、王维是最绚烂多彩的浪花，他们身后，还潜藏着更多的诗人。孟浩然的山水田园诗，高适、岑参与王昌龄的边塞诗，以及为数众多而又无法归入哪个艺术流派的诗人，用他们的生花妙笔，把丰富多彩的人生和生活谱写得绚丽多彩、诗意盎然。而到了中晚唐，在白居易、元稹、韩愈那里，日常生活的细枝末节开始充溢诗歌的空间，诗的主题从"人生"这个宏大的、宽阔的命题，转向了具体而微且又意味深长的"生活"。

唐代诗人的成就，用怎样华美的言辞都不足以表述。这也给后世留下了巨大的难题——好诗都被唐人作尽，我辈如何是好？宋代的诗人们笼罩在唐人的阴影下，辗转反侧，终于在以情韵、气象见长的唐诗之外，开辟出一方崭新的艺术境界。著名学者缪钺先生曾对唐宋诗的异同做过精彩的分析：

> 唐诗以韵胜，故浑雅，而贵蕴藉空灵；宋诗以意胜，故精能，而贵深折透辟。[1]

概括地说，宋诗为中国的诗文化引入了理的成分。比之于情的直观、浓烈、艳丽，理更抽象、淡泊、朴素。这是中国传统文化步入中年的征兆。宋代的诗人，如欧阳修、苏轼、黄庭坚、陈与义、陈师道、范成大等，比之于李白、杜甫和王维等，都多了一份沉静、旷达、淡泊之美。在苏轼、黄庭坚等人的诗中，茶与酒、笔与墨、书与画，乃至于生活琐物，都闪耀着诗性的智慧，他们对生活的态度，从超越与飞升，转变为不浓不淡地品味和体验，在品味与体验中享受着世俗人生的快乐。就像是苏轼在一首诗中所描写的春景："梨花淡白柳深青，柳絮飞时花满城。惆怅东栏一株雪，人生看得几清明。"(《东栏梨花》)在这里，人生的失意与感伤，缠绵而婉转，不再像唐人那样直露。诗人对生命有限的感慨，寄托在"人生看得几清明"的叹息中，显现在梨花淡雅的色彩中、柳絮飞飘的轻柔中——他是在表达忧伤的情绪，还是连这情绪本身，都当作一种体验的审美对象？

唐宋以后，中国诗歌艺术境界新的可能性已经所剩无几。这并不是说，唐宋以后便没有了诗，相反，诗已经成为一种文化的底色，晕染在中国文化的根基里。唐宋以后的文人，尽管很难以诗比肩前贤，却无不具有深厚的诗艺素养。他们在这种艺术修养的浸润下，在词、曲和戏

---

[1] 缪钺：《论宋诗》，《缪钺全集》第二卷，河北教育出版社 2004 年版，第 156 页。

剧、小说的艺术空间中开疆拓土，把诗性的文化精神，发挥得淋漓尽致。诗，虽然不再是时代最耀眼的艺术形式，它的艺术方法、观念与精神，却弥漫开来，成为中国艺术、中国文化的主流血脉。

中国文人的诗性之美

诗的历史的前半段是情辞之美，后半段是意蕴之美。情辞是青春意气、慷慨沉郁，意蕴是宁静淡泊、超情入理。中国文人的诗性之美，就主要呈现在情与理的交融辉映上。林语堂先生在《吾国与吾民》一书中有一章文字谈论中国人的"文学生活"——所谓"文学生活"，是把文学、艺术等审美、精神的创造，看成中国文人的日常生活状态，可谓精辟至极！[1] 他大概勾画出了中国文人诗性之美的渊源与线索：中国文人，因为诗的创作、吟咏，获得了一种对宇宙、自然和人生大道的深刻体认和感悟；他们又把这些感悟和体认，用诗的形式表达出来，将宇宙之"真"与社会之"善"，融汇在诗性之"美"里。

这种诗性之美，在唐代诗人张若虚的《春江花月夜》展现得尤为集中：

> 春江潮水连海平，海上明月共潮生。滟滟随波千万里，何处春江无月明！江流宛转绕芳甸，月照花林皆似霰。空里流霜不觉飞，汀上白沙看不见。江天一色无纤尘，皎皎空中孤月轮。江畔何人初见月？江月何年初照人？人生代代无穷已，江月年年望相似。不知江月待何人，但见长江送流水。白云一片去悠悠，青枫浦上不胜愁。谁家今夜扁舟子？何处相思明月楼？可怜楼上月裴回，应照离人妆镜台。玉户帘中卷不去，捣衣砧上拂还来。此时相望不相闻，愿逐月华流照君。鸿雁长飞光不度，鱼龙潜跃水成文。昨夜闲潭梦落花，可怜春半不还家。江水流春去欲尽，江潭落月复西斜。斜月

---

[1] 林语堂：《吾国与吾民》（下册），上海世界新闻社 1940 年版，第 307—308 页。

沉沉藏海雾，碣石潇湘无限路。不知乘月几人归，落月摇情满江树。[1]

这首诗的作者张若虚，是初唐时扬州人，曾担任兖州兵曹一职，在唐代神龙年间（公元705—707年），与著名诗人贺知章、包融等名扬京师。[2] 他的生平，历史上留下的记载唯有这寥寥数笔；他流传下来的作品，除了这首《春江花月夜》[3]，还有《全唐诗》中收录的另一首《代答闺梦还》，是一首极为平常的作品。近代人王闿运曾说：

> 张若虚《春江花月夜》用《西洲》格调，孤篇横绝，竟为大家。李贺、商隐，挹其鲜润；宋词、元诗，尽其支流，宫体之巨澜也。[4]

"《西洲》"是指南朝抒情民歌《西洲曲》："忆梅下西洲，折梅寄江北"，展现了一个婉约的江南女子思念情郎时的声情和心理。这首诗最清丽的段落，当属朱自清先生在《荷塘月色》中所引的那几句："采莲南塘秋，莲花过人头。低头弄莲子，莲子清如水。"《西洲曲》最大的特点，在于两句一截，上下截之间多用"接字"或"钩句"，营造了一种特殊的诗歌韵律和抒情节奏。[5] 王闿运所说的"《西洲》格调"，就是指这种断续相生、欲断还续、循环往复的抒情韵味。《春江花月夜》中的"接字"或"钩句"绵延迤逦，在神韵上与《西洲曲》是极为相似的。

它的突破在于，从《西洲曲》中所抒发的纯粹的男女情致出发，

---

[1]《全唐诗》（上册）卷二一，上海古籍出版社2006年影印版，第78页。

[2] 胡小石：《张若虚事迹考略》，《胡小石论文集》，上海古籍出版社1982年版，第104页。

[3] 程千帆：《张若虚〈春江花月夜〉的被理解和被误解》，《文学评论》1982年第4期。

[4] 程千帆：《张若虚〈春江花月夜〉集评》，《程千帆全集》第八卷，河北教育出版社2000年版，第223页。

[5] 余冠英：《谈〈西洲曲〉》，《汉魏六朝诗论丛》，商务印书馆2010年版，第50页。

把思索的深度和广度，拓展到宇宙和人生的真理层面，境界开阔，情韵深厚，因而对后来的诗人多有启发。中国历史上文人才士如恒河沙数，张若虚"才秀人微"，凭借一首《春江花月夜》，"以孤篇压倒全唐"，实在是人奇、诗奇、事奇。

张若虚的《春江花月夜》前四句由写景展开，"从月出写起，除'月'外，还带出'春江'二字。这里的'江'还是诗人描述的主体，所以还要给'江'安放一个更辽阔浩渺的背景，于是写到海，用海来衬托江，则视野自然广阔"[1]。随着"海上明月共潮生"的律动，一幅境界阔大、富有动感的画卷徐徐铺开，而"何处春江不月明"一句反问，就把目光从眼前之景，牵引到无远弗届的天下、宇宙。

然而，诗人并不着急发出有关天下、宇宙的感慨，而是笔锋一转，把目光集中到眼前静谧、幽深、唯美的景色上来。"江流宛转绕芳甸"四句，描摹依依的流水、色彩斑斓的花圃、落英缤纷的花林，这一切都沐浴在满月的清辉中。那月光是流动的华彩，所到之处皆染上了缥缈、朦胧的情韵，令人沉醉不已。在这几句描述中，自然是有情的，江水有情、月光有情、花木有情，自然舒展开它的怀抱，期待着诗人融入其中。

就在这时候，诗人的目光又发生了挪移，他将视角投向更为辽阔的江天之际。"江天一色无纤尘"，只有一轮明月孤零零地悬在半空中，就像电影中的特写镜头，它默然无语，并不像自我感觉良好的观赏者认为的那样，对他们倾注特别的偏爱。那如水一般泻地流淌的月光，是没有偏私之情的，是普世同沐的。"自有天地，便有此江，便有此江上之月，夜夜处处照人"[2]，诗人于是猛然清醒过来：我，亦不过是古往今来数不清的照见这月色的旅人之一吧！

那么，这无边的风月，是谁第一个发现的呢？它又是从何时开始

---

[1] 吴小如：《说张若虚〈春江花月夜〉》，《北京大学学报（哲学社会科学版）》1985年第 5 期。

[2] 程千帆：《张若虚〈春江花月夜〉集评》，《程千帆全集》第八卷，第 214 页。

把自己的情致无私地呈现给世人的？发出这些疑问，或许只能是庸人自扰。因为"人生代代无穷已，江月年年望相似。不知江月待何人，但见长江送流水"。在这里，前面几句诗歌渲染的有情的景致，被净化、提纯，呈现出自然本来的面貌：所谓"自然"，不就是宇宙万物本来的样子吗？人生就像那林中花，有开有谢；又像那江中水，滔滔东逝。对于这无边的风月而言，这些都不过是偶然间闪过的一片落红、一朵浪花，是不足以令其牵挂在怀的。这似乎有些消极、颓废，但也只有认识到了人生存在本真状态上的无价值、无意义，才能够摆脱种种虚妄的欲念和执着，才能够更洒脱、更超然地生活！

这就是《春江花月夜》和张若虚，乃至中国文人诗性之美最集中的显现！认识到人生的虚无和荒诞，然而又不陷入颓废和无意义的深渊，而是借由这种深刻的认识，把原本附着在生活和人生观上的功利因素洗去。这样，人就获得了真正的自由！这自由，正是与作为艺术家的文人身份相得益彰的。中国文人在诗、书、画，以及一切艺术形式中，无不力求摆脱人生的局限，进入一种诗意的、无功利的自由之境。这种境界，经由《春江花月夜》这温润、婉转却又不失犀利、深刻的点化，便彰显出来了。

那么，接下来该如何生活呢？李白在《把酒问月》中说："今人不见古时月，今月曾经照古人。今人古人若流水，共看明月皆如此。唯愿当歌对酒时，月光长照金樽里。"[1] 他把世俗的功名利禄都抛之脑后，寄情诗酒，过着一种充满了持续的创造热情的艺术人生，连最后的死亡都像前面所说的，"入水捉月"而去。而张若虚，则想到了一度被功名利禄的渴望所压抑了的日常生活。"白云一片去悠悠，青枫浦上不胜愁"，一个"去"字，一个"愁"字，唤醒了内心深处漂泊无依的游子情怀。想必他已离家许久，闺中的丽人，在这春花灿烂、月光清丽的时节，是否能安然入睡？还是正在对月兴叹，期待着游子的归来？李商隐

---

[1] 王琦注：《李白诗全集》（下册）卷二十，中华书局 2003 年版，第 941 页。

说过，"君问归期未有期，巴山夜雨涨秋池"[1]，这是用"对称的口气，设想归后向那人谈此时此地的情形"[2]。张若虚则设身处地，想象闺中思妇在他离家后首如飞蓬、无心装扮的憔悴，以及时刻回荡在她脑海中的丈夫的身影：她愿意化作那飞泻的月光，时时刻刻依偎在对方身边。

张若虚没有设想二人重聚时的场景，只是写下了"不知乘月几人归，落月摇情满江树"这样的句子——他是否会踏着月色、毅然决然地抛弃仕宦生涯，我们不得而知，不过，至少日常生活的价值和意义，在他胸中苏醒了、挺立了。他经由自然景物的欣赏，彻悟到宇宙、人生的真理，进而发现了生活本身的价值和意义。这是中国文人诗性之美的呈现历程，而这历程本身，也是诗的、美的。

---

[1] 李商隐：《夜雨寄北》，刘琦选注：《李商隐诗选注》，吉林文史出版社 2001 年版，第 11 页。

[2] 朱自清：《〈唐诗三百首〉指导大概》，蔡清富等编：《朱自清选集》第三卷，河北教育出版社 1989 年版，第 165 页。

中国书画里的 "气韵"

  中国素来有 "书画同源" 一说。唐代书法家虞世南在《笔髓论》里说："仓颉象山川江海之状，龙蛇鸟兽之迹，而立六书。"[1]这是从书法与绘画的起源上说的。

  而在艺术的境界和追求上来说，"书画同源" 又表现为相似的艺术趣味。近代大书画家黄宾虹曾说过："书画同源，欲明画法，先究书法，画法重气韵生动，书法亦然。"[2]书法和绘画在艺术趣味上 "同源"，是因为一方面，中国文字的孳乳，是从象形出发，逐渐生发出指事、会意、转注、假借等抽象的表意形式，从反映事物之形象的图画，逐渐演变为抽象的表现符号；另一方面，中国绘画从秦汉时代开始，就奠定了一种轻写实而重抒情、写意的艺术倾向，绘画从客观如实地展现自然、人物的形象，转向表达画家本身的情感、观念和想象。[3]这样，中国的文字和绘画，就呈现出一种合流的趋势。于是，它们的形式载体——书法和中国画，就具有了一致性的艺术追求——气韵生动。

  "气韵生动" 是南朝齐梁时代的谢赫在《古画品录》中所提出的一个概念。谢赫认为，"气韵生动" 是艺术表现最高的境界。"气韵"，也就是 "神韵"，是指人物的精神气质——谢赫时代的绘画主要是肖像画和人物故事画。生动地表现人物的精神气质和性格特征，便成了这一时代绘画的最高艺术水准。[4]而后，山水画、花鸟画等兴起以后，"气韵"便从人物，扩展到一切绘画的表现对象。绘画的气韵表现，所依赖的是笔墨、线条和色彩；而书法则更是笔墨和线条的艺术，绘画中的色彩，

---

[1] 于民主编：《中国美学史资料选编》，复旦大学出版社 2008 年版，第 187 页。

[2] 黄宾虹：《宾虹书简》，上海美术出版社 1988 年版，第 49 页。

[3] 徐复观：《中国艺术精神》，华东师范大学出版社 2001 年版，第 3 页。

[4] 葛路：《中国古代绘画理论发展史》，上海人民美术出版社 1982 年版，第 30 页。

在书法中则表现为用墨的浓淡和干湿。关于书法的气韵，汉代书法家蔡邕曾说过：

书者，散也。欲书先散怀抱，任情恣性，然后书之。[1]

"书者，散也"，是说书法是审美心胸、艺术情思的表现。要想创作出好的书法作品，必须先涤荡胸中的杂念，使精神集中、活跃。在进行书法创作的时候，要根据文字本身的体势和构造，展现出它们的动态之美来，"若坐若行，若飞若动，若往若来，若卧若起，若愁若喜，若虫食木叶，若利剑长戈，若强弓硬矢，若水火，若云雾，若日月"，这一系列精妙的比喻，说明在古人心中，文字本身是有生命、情韵的，书法家的使命，就是把文字本身的生命律动和情韵展现出来。这就是书法创作领域的"气韵生动"。

在中国文人看来，不论是书法还是绘画，"气韵生动"的最高境界，与诗歌一样，都是要展现出对天、地、人"三才之道"的理解，表达出对宇宙、自然和人生真理的体悟。宋代画家文与可擅长画竹，他的画作深受苏东坡、晁补之等文人的喜爱。在一首诗中，苏轼写道：

与可画竹时，见竹不见人。岂独不见人，嗒然遗其身。
其身与竹化，无穷出清新。庄周世无有，谁知此凝神。[2]

这首诗描写文与可画竹时专心凝神的创作态度，就像蔡邕论书法创作要"先默坐静思，随意所适"一样，不仅忘掉周围的环境，甚至连自我的存在也抛之脑后了。这样，他就全身心地投入到艺术创造的过程中，与所画的竹融为一体。他笔下的竹子，既是眼前自然生长的竹子的

---

[1] 蔡邕：《笔论》，杨素芳、后东生编：《中国书法理论经典》，河北人民出版社1998年版，第3页。

[2] 苏轼：《书晁补之所藏与可画竹三首》，漆剑影编著：《唐宋题画诗选析》，长征出版社1991年版，第258页。

形象，又融入了主观的情致、神思和想象，因而变化万端，活泼泼地展现出了"自然"本身的生动景象与境界。

只有这样的书画作品，才能够称之为"美"的，才能展现出中国文人的情怀和创造力。中国文人，就是要用诗、书、画等艺术形式，在枯寂、无聊，甚至遍布坎坷、苦难的人生与日常生活当中，开辟出一方自由的、审美的生活空间，用这种人间的方式，来实现对生活的超越和对人生的救赎。这种超越和救赎，不寄望于并不存在的、高高在上的神灵或救世主，而是坚信人类自身的创造力，认为人类有智慧、有能力深刻体味自然、宇宙、人生的奥妙，进而把握到自然、宇宙、人生的节奏和韵律。

所以，中国的诗歌向来推崇"自然"的神韵，中国的书画也向来摒弃"形似"而重神韵。正如宋代文人沈括在《梦溪笔谈》中所说：

书画之妙，当以神会，难可以形器求也。[1]

书画中的艺术形象，并非依赖于对事物表象的精确描摹，而是依赖于创作者本人对表象背后的自然之理的领悟与传达。前人认为，王维的画作中有许多违背"常识"的情形，比如把桃花、杏花、莲花等在不同季节开放的花儿，安放在同一幅画中，这显然是有悖"常理"的。沈括对针对王维的批评，提出了辩护。他举出的反例，是王维的《袁安卧雪图》。

雪与芭蕉，更是风马牛不相及的两种事物。为何王维的《袁安卧雪图》中画了"雪中芭蕉"，却被沈括称赞为"造理入神，迥得天意"的神品？苏轼说过"诗画本一律，天工与清新"。所谓"诗画一律"，就是要在画中传达出诗意和诗性之美。王维的作品就被苏轼称为"诗中有画，画中有诗"的典范。那么，这幅"雪中芭蕉"是如何突破"形似"的牢笼，又展现出怎样的"天意"与"诗境"？

---

[1] 沈括著，金良年点校：《梦溪笔谈》，中华书局 2015 年版，第 159 页。

在佛教经典中，芭蕉是一个常见的意象，通常用来比喻"空虚不实"之意。如《涅槃经》中多次说，"当观是身，犹如芭蕉，热时之焰，水沫幻化"；"喻身不坚，如芭蕉树"；"亦如芭蕉，内无坚实，一切众生身亦如是"。[1] 芭蕉是一种外实内虚的植物，其坚硬的茎壳、硕大的叶子虽然给人一种肥硕、密实的表象，但内心毕竟是空虚无所有的。佛教教义认为，世间的万物，呈现出的只是其虚幻不实的"表象"，也就是所谓的"色即是空"，"色"是表象，"空"是不真实。芭蕉表象肥硕、内心空虚，是极好的寓意载体。而"雪中芭蕉"，则是要表达何种寓意呢？

"袁安卧雪"本是《后汉书》中所记载的一个故事：隆冬之际，大雪纷飞，积雪一丈多厚。洛阳令出行巡查，看到洛阳的人家都扫雪出门，唯独袁安家中没有动静。有人认为袁安已经冻死了。洛阳令让人扫除袁家的积雪，发现他僵卧家中不出，便很好奇。袁安说："下了这么大的雪，所有人都陷入饥荒的困境，现在不能出门求人，给人添麻烦。"这本来是一个儒生自我克制的道德修持故事，但在王维的这幅画中，袁安卧雪的主题被转换为对肉身感官欲望的漠视。寒冷和饥饿的肉体、感官知觉，只不过是虚幻的、暂时的表象而已，它们就像芭蕉呈现给人的面目一样，都是幻化不实的。真正的修行，就要洞穿自然、宇宙、人生的种种虚幻表象，看到"色即是空"的真理。

其实，整个中国文化都闪烁着诗性的光辉，堪称一种"诗文化"传统。中国传统文人，正是凭借他们在诗歌、书法、绘画方面的创造，来继承、弘扬这种诗文化的传统。不仅如此，在日常生活和人生的各个层面，诗文化的精神——也就是那种将生活和人生充分艺术化、审美化，把现实的、此岸的生存转换成理想的、自由的生命境界的生活观念和人生信念——都有淋漓尽致的呈现。

---

[1] 陈允吉：《王维"雪中芭蕉"寓意蠡测》，《复旦学报（社会科学版）》1979 年第 1 期。

第五章
从『笔砚纸墨』到『文房之美』

明窗净几，笔砚纸墨，皆极精良，亦自是人生一乐。
——苏舜钦语（欧阳修《试笔》）

陆游《闲居无客所与度日笔砚纸墨而已戏作长句》

水复山重客到稀，文房四士独相依。

轻拈斑管书心事，细折银笺写恨词。
——白朴《阳春曲题情》

游戏文房：从韩愈《毛颖传》说起

中唐元和（公元 806—820 年）初年，古文大家韩愈写了一篇千古奇文《毛颖传》[1]。顾名思义，这是一篇传记文字，然而传主的身份却颇为蹊跷，既非身世显赫的帝王将相，也不是一般贩夫走卒、蚩蚩氓众，而是读书人平常日用的书写工具——毛笔。

没错，就是兔毫、竹管制成的再普通不过的毛笔！

在这篇构思新奇的文章里，韩愈巧妙地编织了一个人物从生到死的历练与经验：从毛颖不幸被俘，到崭露才华、担当重任，继而封侯拜相、飞黄腾达，最后老不堪用，郁郁而终……这活色生香的生命所隐喻的，不过是一支毛笔从制作到使用，再到磨秃、废弃的整个过程！

一般而言，人物传记都要先追溯传主的郡望、家世和系谱渊源，《毛颖传》自然也不例外。它开篇就写道：

> 毛颖者，中山人也。其先明视，佐禹治东方土，养万物有功，因封于卯地，死为十二神……

这里的"中山"，是唐代宣州溧水县东南的一座山（今南京市溧水区东南）。据说，此山中多狡兔，出产兔毛最精，是制作上乘毛笔的首选原料。唐代李吉甫所撰的《元和郡县图志》中就说：

> 中山在（溧水）县东南一十五里，出兔毫，为笔精妙。[2]

---

[1] 文见马其昶：《韩昌黎文集校注》，上海古籍出版社 1998 年版，第 566 — 569 页。该文的创作年代，据宋吕大防《韩吏部文公集年谱》，见北京图书馆编：《北京图书馆藏珍本年谱丛刊》第 11 册，北京图书馆出版社 1999 年版，第 23 页。
[2] 李吉甫著，贺次君点校：《元和郡县图志》卷二八，中华书局 1983 年版，第 685 页。

北宋初年的地理学家乐史编纂的《太平寰宇记》中也说过：

> 中山又名独山，在县东南十里，不与群山连接。古老相传中山有白兔，世称为笔最精。[1]

韩愈所说的"其先明视""封于卯地"，就精巧地暗含了这些信息：《礼记·曲礼》中说"兔曰明视"，后来"明视"就成了兔子的别称。兔是十二生肖之一，在地支中为"卯"、五行中属"木"，司春、主东方，象征繁育万物。所以韩文戏称毛颖先人辅佐大禹治理东方、养育万物——这是交代毛笔的原料和产地。

这种庄重、典雅的笔法，一旦用来描绘司空见惯的微末之物，势必产生令读者料想不到的幽默、诙谐的艺术效果。所以《毛颖传》历来被视作"以史为戏，巧夺天工"的奇文。[2]当然，也有不少认为文章是"经国之大业，不朽之盛事"的道学先生，批评韩愈此举是不务正业、卖弄才学，有辱斯文。我们且不去管它，先看韩愈是怎样一本正经地讲述毛颖的跌宕起伏、大起大落的生命历程和政治际遇的：秦始皇派大将蒙恬伐楚，驻军中山脚下，在此地举行盛大的狩猎活动，显耀军威、恫吓楚国。围猎前，占卜者预测此番斩获空前，所得猎物"不角不牙，衣褐之徒，缺口而长须，八窍而趺居"，就是没有角、牙齿不锋利，穿着短布衣，豁嘴、长胡子，身上有八窍（古人认为哺乳动物胎生、身有九窍，而兔独八窍），像佛家打坐一样蹲着。活脱脱的一只红眼豁嘴长须大白兔！

那么，它有什么用呢？筮者说：

> 独取其髦，简牍是资。天下其同书，秦其遂兼诸侯乎！

---

[1] 乐史著，王文楚等点校：《太平寰宇记》卷九〇，中华书局 2007 年版，第 1792 页。
[2] 储欣：《唐宋八大家类选》卷一三，见吴文治编：《韩愈资料汇编》，中华书局1983 年版，第 936 页。

这就是说，拔取兔毛，做成毛笔，可以用来书写竹简木牍。如果天下都用它作为书写工具，写同样的秦国文字，这不正是秦兼并诸侯、一统天下的预兆吗？

就这样，毛颖被俘。秦始皇命令蒙恬把它放到汤池（砚台）中沐浴，并赐给它封地管城（竹管，即笔杆），号称"管城子"。韩愈说管城子为人"强记而便敏"，通晓古今中外的一切历史文化和科学知识；又"善随人意"，不管正直、邪曲、巧拙皆能令其满意。这无疑展示出毛笔的发明对人类文化发展和普及所做的重大贡献。唯独"不喜武士"，暗讽武人不知书。正因如此，毛颖受到天下人的爱戴，官爵也越来越高，最后被拜为"中书令"。我们知道"中书令"是汉代开始设立的官职，司马迁为首任中书令，负责掌管朝廷诰命；隋唐时期，设立中书省，中书令是其长官，位高权重，相当于宰相之职。韩愈把毛笔称为中书令，既突出了笔的重要性，又谐音暗寓了毛笔的功能（"中 zhòng 书"即合乎书写之用），实在有一语双关之妙。

然而，毛笔使用久了，笔锋就会磨秃。韩愈戏称毛颖年老秃头，不能再迎合皇帝的旨意，"以老见疏"。因而，历来都有人说，《毛颖传》是韩愈"不平则鸣"，发泄政治失意的牢骚之作。[1] 这本不错，但《毛颖传》首先是一篇"游戏"文字。韩愈和柳宗元等都曾经引用《诗经》和《礼记》中的话"善为谑兮，不为虐兮"，"张而不弛，文武不能也"，为这种游戏笔墨正名。这就是说，一张一弛，文武之道，游戏笔墨是一种缓解日常焦虑、紧张和倦怠情绪的艺术和娱乐审美方式。[2] 《毛颖传》让没有生命知觉、情感的毛笔无口而能言，历经人事坎坷，在郑重其事的形式下，刻绘种种细小微末之物的情态，通过这种夸张、反讽的方式，令读者忍俊不禁，领略到极为戏谑、幽默的艺术体验。

这种游戏文字并非韩愈首创。在汉魏南北朝时期，就出现过数十

[1] 卞孝萱：《卞孝萱文集》第三卷，凤凰出版社 2010 年版，第 253 — 259 页。

[2] 张未民：《说"游"解"戏"——中国古代文艺中的"游戏说"笔记》，《批评笔迹》，吉林人民出版社 2002 年版，第 352 — 353 页。

篇俳谐文章，最著名的有扬雄的《逐贫赋》、鲁褒的《钱神论》、袁淑的《鸡九锡文》《驴山公九锡文》、沈约的《修竹弹甘蕉文》、孔稚圭的《北山移文》等。[1] 人生劳苦、世事多艰，游戏笔墨、俳谐为文就成了文人士大夫们排遣胸中积郁、点亮生活色彩的艺术手段！

韩愈《毛颖传》的功劳，就在于它承前启后，唤醒了人们对"文房四宝"也就是笔、墨、纸、砚原本不自觉的审美情趣和艺术体验。早在韩愈之前，就有人钟情于文房用具，把它们当作把玩、欣赏的对象。如汉代的"天子笔管"，"以错宝为跗，毛皆以秋兔之毫，官师路扈为之；以杂宝为匣，厕以玉璧翠羽，皆直百金"。[2] 这种闪耀着珠光宝气的毛笔，显然是装饰性和象征意义大于实用性，玩赏价值超过书写价值了。

韩愈的妙处，是把玩味、体验的对象，由书写的过程及其最终成果艺术作品，转向了书写的工具。经过他的比附、想象和刻绘，笔、砚、纸、墨都有了呼吸，被赋予了鲜明的性格，它们的动静举止俨然成了一个自足的生命世界！经由对这一生命世界的感觉、体验和思考，文人士大夫又增添了一方施展才情、寄托韵致、体验美感、创造艺术、享受自由的审美天地！

这是"文起八代之衰"的韩子在倡导"文以载道"、洗去骈文铅华的功绩之外，对中国文人生活，乃至中国文化传统的又一卓越贡献！

《毛颖传》里，与"中书君"形影不离的，还有其他三位"先生"：

> 颖与绛人陈玄、弘农陶泓，及会稽褚先生友善，相推致，其出处必偕。上召颖，三人者不待诏，辄俱往，上未尝怪焉。

陈玄、陶泓和褚先生分别是墨、砚和纸（唐代绛州盛产墨、弘农产砚、会稽出纸）。他们的功劳也不亚于毛颖，可韩愈却悭于封赐，让毛氏

---

[1] 陈允吉：《论敦煌写本〈王道祭杨筠文〉为一拟体俳谐文》，《复旦学报（社会科学版）》2006 年第 4 期。

[2] 刘歆撰，葛洪集，向新阳、刘克任校注：《西京杂记校注》卷一，上海古籍出版社 1991 年版，第 7 页。

独享盛名高位。这就令后人大叹不公平，纷纷站出来为墨、砚、纸邀功请赏，非博个功名与出身不可。于是就有了文嵩的《即墨侯石虚中传》（砚）、《松滋侯易元光传》（墨）、《好田寺楮知白传》（纸）和苏轼的《万石君罗文传》（砚）等更多游戏文章，墨、纸、砚等也纷纷加官晋爵。

到了林洪的《文房职方图赞》和罗先登的《续文房职方图赞》里，得到封诰的就不止笔、砚、纸、墨了。他们犒赏三军，但凡能在文人案头博得一席之地的，均能运交华盖、扬名立万。笔、砚、纸、墨也各立门户，拥兵自重，各自发展出一套实用和审美的谱系——这些，将在后面陆续登场。

笔补造化："五色艳称江令梦"

　　笔的历史源远流长，它的创制和发明，关联着许多历史传说和伟大人物。韩愈在《毛颖传》中记载的"蒙恬造笔"故事并非杜撰，而是受到了晋代张华《博物志》的启发。《博物志》曾有"蒙恬造笔"的记载。[1] 但是，与张华同时代的人并不同意这一说法。如崔豹《古今注》中说：

> 　　牛亨问曰："自古有书契以来，便应有笔。世称'蒙恬造笔'，何也？"答曰："蒙恬始造即'秦笔'耳，以枯木为管，鹿毛为柱，羊毫为被，所谓'苍毫'，非兔毫竹管也。"[2]

　　《博物志》关于"蒙恬造笔"的说法在当时很流行。但牛亨提出的质疑更有道理：笔应该和书牍文字同时产生，如果没有笔，哪里能留下文字记载？当然，文字还能用刀、锥等工具契刻下来，比如甲骨文和钟鼎金文等，这里暂且不论，我们先看崔豹的回答是否足以释疑？显然，崔豹的回答更多展现出"学问家"的知识和机智，而并未真正解决问题。他说"蒙恬造笔"是特指"秦笔"而言，也就是"苍毫""木管"的毛笔，而不是最早"兔毫""竹管"的毛笔。

　　那么，为什么前人不说"蒙恬造'秦笔'"呢？这一悬案久而未决，到了唐代，才有人给出相对合理的解释。盛唐时期徐坚等人编撰的《初学记》中说，《尚书》《曲礼》等上古文献的记载表明，在秦代以前就有了笔。人们之所以把"造笔"的功勋追认到秦大将蒙恬身上，是因为：

---

[1] 李昉等：《太平御览》卷六〇五，《四部丛刊》本，商务印书馆1936年版，第88册。

[2] 崔豹：《古今注》卷八《问答释义》，《四部丛刊》本，商务印书馆1936年版。

诸国或未之名，而秦独得其名。恬更为之损益耳。故《说文》曰：楚谓之聿，吴谓之不律，燕谓之拂，秦谓之笔。是也。[1]

比起崔豹来说，《初学记》解释更进一步，它既承认在秦代以前就有了毛笔，又从"笔"的名称和概念上做了发挥，认为"笔"是秦人对书写工具的特有称呼。秦人统一天下，"书同文，车同轨"，天下人都接受了"笔"的名称，所以就有了秦人蒙恬造笔的说法。

可是，清代学者赵翼考证出，在《庄子》中有就了"笔"的命名："宋元君将画图，众史皆至，受揖而立，砥笔和墨。"[2] 庄子的生活年代比蒙恬更早，且是宋国人。如此看来，《初学记》的解释就靠不住了。

其实，"谁先造笔"的问题实在是难以算清的糊涂账。西晋郭璞的《笔赞》说：

上古结绳，易以书契。经天纬地，错综群艺。日用不知，功盖万世。[3]

从"结绳记事"到文字发明，是人类文明史上的一次重大飞跃。有了文字，人们就能把对天地、自然之道的体悟和各种技艺、文明的成果记录下来，"孰有书不由笔？"[4] 所以，这"经天纬地，错综群艺"的勋业，自然是笔的功劳，正所谓"笔补造化"，成公绥的《故笔赋》说得更明确：

治世之功，莫尚于笔。能举万物之形，序自然之情；即

---

[1] 徐坚等：《初学记》（下册）卷二一，中华书局 2004 年版，第 514 页。

[2] 赵翼：《陔余丛考》卷一九，商务印书馆 1957 年版，第 369—370 页。

[3] 徐坚等：《初学记》（下册）卷二一，中华书局 2004 年版，第 516 页。

[4] 扬雄：《法言·问道》，汪荣宝著，陈仲夫点校：《法言义疏》卷六，中华书局 1987 年版，第 122 页。

圣人之心，非笔不能宣，实天地之伟器也。[1]

郭璞、成公绥和张华是同时代的人。其中，郭璞和张华都是著名的博物学家，而成公绥和张华则是来往密切的好友。他们之所以不约而同地关注到笔，主要是受到了当时日渐兴盛的"博物学"风气的影响。博物学的目的在于考订名物，搜集整理奇闻逸事，以期积累知识、博学洽闻。但从前面列举的这些考订成果来看，他们更关注笔的文化属性，而不是其客观知识和历史。所以他们的讲述充斥着神话故事和传说逸闻，其中的文化信念、情感寄托和艺术想象的含量，远远超过了客观、真实、符合历史实际的知识。

所以说，毛笔可谓大有来头，一亮相就步入了文化的殿堂，被赋予了艺术想象和审美鉴赏的潜能。那么，这种潜能是如何潜滋暗长，一步步被激发出来，最终成为审美情趣、艺术表现的主角的？

这就得从被神话故事和传说逸闻所掩盖了的毛笔的真实历史说起了。

毛笔当然不是蒙恬的独创，而是肇端于新石器时代。著名甲骨学家董作宾先生曾说："仰韶期的陶片上小狗、小鸟，或较精致的花纹，都须要毛笔去图绘，而在民国二十年（1931）冬季我们在距小屯三里以内的后冈，所得的仰韶期用毛笔彩绘的陶器，至少也在四千五百年……至于殷代使用毛笔，我们还有直接的证据，是在占卜用的牛胛骨上发现了写而未刻的文字……由此我们可以看到毛笔书写的笔锋与姿势。"[2]可惜年代久远，古物湮灭，今天我们只能对着这些洋溢着浓郁的神秘色彩和原始气息的图案、纹饰和文字等，来想象毛笔之始祖的神采了。目前能见到的最早的古毛笔实物，主要有战国笔一支、秦笔三支、西汉笔两支和东汉笔三支。从制作上来看，这几支毛笔形制较为拙朴，但后世

---

[1] 严可均：《全晋文》卷五九，《全上古三代秦汉三国六朝文》第 2 册，中华书局 1985 年版，第 1796 页。

[2] 董作宾：《甲骨文断代研究例》，《董作宾先生全集》甲编第 1 册，台北艺文印书馆 1977 年版，第 457—458 页。

仰韶彩陶蛙纹双系大罐 新石器时代 现藏于故宫博物院

毛笔的主要工艺在秦汉时期已经定型，即笔杆为竹制，下端镂空为笔腔，以容纳笔毫；笔毫为兔毫或狼毫，后端用丝线捆扎，纳于笔腔，前端有尖锋，便于掌控书写笔画之粗细。[1]

在东汉时期，毛笔的制作工艺变得考究、精致，人们在其实用功能之外，越来越关注其外在的形式之美和装饰性功能。前面提到的"天子笔管"用料之昂贵、雕饰之繁缛，自然不是常人所用。普通人所用之笔也有许多讲究，如东汉蔡邕的《笔赋》中说：

> 惟其翰之所生，于季冬之狡兔，性精亟（以）慓悍，体
> 遄迅以骋步。削文竹以为管，加漆丝之缠束，形调抟以直端，
> 染玄墨以定色……上刚下柔，乾坤位也。新故代谢，四时次
> 也。圆和正直，规矩极也。玄首黄管，天地色也。[2]

这里所说的"上刚下柔""圆和正直"和"玄首黄管"等说明，汉

---

[1] 周有光：《文房四宝古今谈（一）》，《群言》1998 年第 4 期。

[2] 费振刚等辑校：《全汉赋》，北京大学出版社 1997 年版，第 579 页。

代毛笔制作在选用原料的质地、形制和颜色搭配上均形成了固定的审美趣味。这种审美趣味背后所呈现出的是中国古人对天地、自然和四时之道的体认，也就是刚柔相济、阴阳互补；其对"圆和正直"的推崇，也反映了传统的人格理想和人生境界追求。

到了魏晋南北朝时期，在中国历史上第一次"文的自觉"时代的美学思潮波及下[1]，毛笔也迎来了自身历史上第一次审美风貌上的飞跃。首当其冲的自然是制作工艺的提升。这时毛笔的主要原料笔毫已经不限于兔毫、狼毫了，而是根据应用范围的需要，逐步拓展到鹿毛、羊毫、虎仆（九节狸）、鼠须、胎发，乃至荆、荻、竹丝等植物纤维。相传王羲之的书法旷世名作，"天下第一行书"《兰亭序》就是以鼠须笔写就。而笔杆也有了更多新材料，据王羲之的《笔经》所载，当时有许多人用琉璃、象牙做笔管，"丽饰则有之"，但用起来不大轻便；有人曾经赠送给他"绿沉漆竹管及镂管"笔，深受他的喜爱，连连感叹说："斯亦可爱玩。讵必金宝雕琢，然后为宝也？"[2] 也就是说，毛笔本身的趣味性不断凸显，以至于有人为了追求这种形式美感，而影响到了它的实用功能。

有趣的是，人们不仅在制作毛笔的时候追求用料考究、形式美观，而且还有人把这种精致、艳丽的毛笔当作饰物佩戴，从而形成了一股"簪笔"的衣冠服饰时尚。于是毛笔就成了文化的象征符号，如宋人苏易简《文房四谱》引崔豹《古今注》说：

> 今士大夫簪笔佩剑，言文武之道备也。[3]

可以说，毛笔在晋代进入了普通人的日常生活中，成了流行服饰风尚中的一种时尚元素。时尚的形式是瞬息万变、稍纵即逝的，但这种

---

[1] 参见李泽厚：《美的历程》，《美学三书》，安徽文艺出版社 1999 年版，第 103 页。

[2] 刘茂辰等：《王羲之王献之全集笺证》，山东文艺出版社 1999 年版，第 162 页。

[3] 苏易简：《文房四谱》卷一，《丛书集成》本，商务印书馆 1939 年版，第 2 页。

时尚背后激荡着的审美趣味和文化蕴涵却源远流长，一直延续到当下的生活中。也是在南北朝时期，许多与笔相关的文房用具开始艺术化，逗起了文人墨客的兴趣。如笔格，梁简文帝萧纲有一首《咏笔格》诗：

> 英华表玉笈，佳丽称蛛网。无如兹制奇，雕饰杂众象。仰出写含花，横抽学仙掌。幸因提拾用，遂厕璇台赏。[1]

同时代的吴均有一篇《笔格赋》则说：

> 幽山之桂树，恒萦风而抱雾，叶委郁而陆离，根纵横而盘互……剪其片条，为此笔格。跌则岩岩方爽，似华山之孤上，管则员员峻逸，若九嶷之争出。长对座而衔烟，永临窗而储笔。[2]

笔格又叫笔架、笔山，是书写停顿时用来搁置毛笔的用具。从萧纲、吴均的诗赋可以看出，这一时期笔格的材质、形制都极具艺术色彩，体现出"尚奇"的审美趣味。皇家用物多以金玉为质料，雕饰繁缛；而一般文人士大夫则多取材木、石，崇尚天然，意趣天成。笔格和笔床等逐渐成为文化人日常生活中把玩、欣赏的对象，而不仅仅用来搁置毛笔。如徐陵在《玉台新咏序》中就说："琉璃砚匣，终日随身；翡翠笔床，无时离手。"[3]

所以，在魏晋南北朝时期，涌现出许多知名的制笔能手，经常被提起的有李仲甫，韦昶、韦诞兄弟和南朝姥等。[4]其中韦诞还留下一卷《笔墨方》，专门介绍笔的制作工艺。正是有了他们创造的智慧和对美的

---

[1] 徐坚等：《初学记》卷二一，中华书局 2004 年版，第 516 页。

[2] 欧阳询：《艺文类聚》卷五八，上海古籍出版社 1985 年版，第 1055 页。

[3] 徐陵编，吴兆宜注，程琰删补，穆克宏点校：《玉台新咏笺注》，中华书局 2004 年版，第 12 页。

[4] 梁同书：《笔史》，《丛书集成》本，上海商务印书馆 1939 年版，第 9 页。

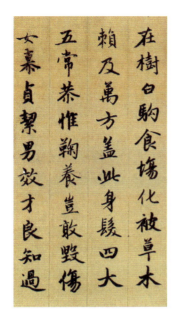

赵孟頫《行书千字文》局部 元代 现藏于故宫博物院

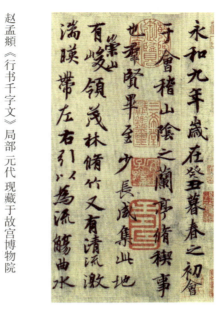

冯承素摹《兰亭序》（神龙本）局部 唐代 现藏于故宫博物院

追求，才使许多精美绝伦的文房用具步入文人士子的生活，为他们消遣闲暇、从枯寂苦闷的日常生活中解脱出来提供了管道。

　　唐宋时期，宣州（今安徽宣城）与吴兴（今浙江湖州）相继崛起，成为闻名海内的制笔中心，宣州的诸葛氏一姓世代制笔，他们的作品为世人所推重，一支笔可敌其他笔数支；湖州在南宋以后则号称"湖笔甲天下"，其中制笔名匠冯应科的笔，与赵孟頫的字、钱舜举的画并称"吴兴三绝"[1]。与此同时，更多因毛笔使用需要而产生的文房用具，如笔海、笔洗、笔挂、笔屏、笔枕、笔插、笔帘、笔掭等纷纷涌现，中国文人对文房用具的趣味、好尚被极大地激发出来。

　　到了宋代，著名隐士林和靖的七世孙林洪有意与韩昌黎争胜，他在《文房职方图赞》中一口气封了"十八学士"，把常见的文房用具都

---

[1] 徐象梅：《两浙名贤录》卷四八，《续修四库全书》本第 543 册，上海古籍出版社 2002 年版，第 643 页。

钱选《幽居图卷》局部 元代 现藏于故宫博物院

容纳进来。其中，毛笔仍为中书，取名述，字君举，号尽心处士。与笔相关的则有石架阁（笔格，名卓，字汝格，号小山真隐）、曹直院（笔托，名导，字公路，号介轩主人）等。[1]此后又有罗先登的《文房职方图赞续》等，给更多的文房用具争得了功名。毛笔在文人士子的情感体验、精神生活中不断开疆拓土；笔格、笔洗等从属用具更成为文人士大夫阶层日常摩挲、赏玩的审美对象。杜甫曾在《题柏大兄弟山居屋壁二首》中这样描绘山居生活：

> 山居精典籍，文雅涉风骚……笔架沾窗雨，书签映隙曛。[2]

居于幽静的深山，长日永昼如何消遣？众多的文人士子在读书、吟诗之余，将目光投向文房用具，借这些精致、文雅的器物来装点自己的日常生活，构筑起一种高度艺术化、审美化了的生活空间。这是对人生苦短、世事多艰的反抗与消解，也是对风雅与文化的向往和追求。

[1] 林洪：《文房职方图赞》，《丛书集成》本，商务印书馆1939年版。
[2] 杜甫撰，仇兆鳌注：《杜诗详注》卷二一，中华书局1999年版，第1838—1839页。

乌玉云烟："非人磨墨墨磨人"

墨的来头没有笔那么神秘、玄奥。东汉时期的李元在一篇《墨砚铭》里说："书契既造，墨砚乃陈"——既然有了文字，就得有相应的书写工具，笔、墨、砚自然应运而生。因为古人相信仓颉造字，而仓颉相传是黄帝时的史官，所以就有了"墨始造于黄帝之时"的说法。还有人认为是周宣王（公元前828—前782年）时期的邢夷，甚至是更晚的田真（汉代），才发明了墨。

这些传说大都没有什么根据。相传为北宋人晁季一所作的《墨经》一书，曾经简要概括过古人制墨的历史：

> 古人用松烟、石墨二种。石墨自晋魏以后无闻，松烟之制尚矣。[1]

"石墨"又称"石炭"，也就是煤。据说魏武帝曹操曾筑"三台"，最有名的是铜雀台，此外还有金虎台、冰井台。其中冰井台上有冰室，下有冰井，井深十五丈，专门用来贮藏冰和石墨。[2]曹操专门贮藏石墨，是为了什么用处？

曹操兴师动众，把石墨存储在深不见底的冰井里，显然不是为了烧火做饭，而是有更为重要、特殊的功用——驱邪祈福。晋代著名文学家陆云在写给兄长陆机的信里说，自己曾经到过"三台"，看到了曹操的遗物，其中就有石墨数十万斤。据说"烧此消复可用，然烟中人不知，兄颇见之否？"[3]"消复"是道教方士的一种术数，就是消除灾变、

---

[1] 晁季一：《墨经》，《丛书集成》本，商务印书馆1939年版，第3页。

[2] 郦道元著，陈桥驿校正：《水经注校正》，中华书局2007年版，第359页。

[3] 严可均：《全上古三代秦汉三国六朝文》第2册，中华书局1985年版，第2041页。

复归常态。这就是说，曹操储存大量石墨，是为了在国家有重大灾难和变故的时候举行祈福仪式之用。

石墨的另一种用处，便是研磨成汁，备书写之用了。陆云当时就取了两块曹操遗留下来的石墨，送给作为大书法家的陆机。但是，从当时人们所用文房书具的实际情况来看，松烟墨已经取代了石墨。这两块石墨，与其说是让陆机磨墨使用，毋宁说是供其欣赏、把玩，发思古之幽情罢了！

"松烟"是指制墨时取松木为原料，采用不完全燃烧的办法，使烟气凝积，形成黑灰，再加入胶和其他原料塑形，制成一定形式的墨块。这种制墨工艺，早在先秦时期就已经广泛应用了。1975 年底，湖北云梦睡虎地秦墓的发掘现场，出土了一套完整的文房书写工具，除了前面已经提到的秦笔外，还有两件木牍、一件石砚和一块残缺不全的墨锭。[1] 汉承秦制，制墨之法也有沿袭与突破，其最引人瞩目的有两点：一是制墨的原料择取更精，二是墨块的形式更加丰富多样。据《墨经》记载，汉代人烧制松烟墨，专选右扶风境内隃麋县山中的松树为原料，因为隃麋地近终南山，遍布茂密的松林，多有年久挺拔的古松，是烧制松烟墨的绝佳原料。据说汉"尚书令、仆、丞、郎，月赐隃麋大墨一枚，小墨一枚"。看来隃麋墨已经成为朝廷指定采办的"官墨"了，以至于后世"隃麋"便成了墨的别称。文人制墨，形制多样，有圆柱形、丸形、螺形、馒头形等。这些日益精致化的制墨方法无不表明，汉墨已经逐渐超出了单纯实用的范畴，朝着艺术化、审美化的境界提升。

据说，汉代新册封的皇太子，会得到"香墨四丸"的赏赐。[2] "香墨"，就是在制墨的原料中掺入麝香等香料和药物，使墨丸洋溢着一种芬芳的香气。这在汉代，大概只有贵族才能享用。到了魏晋时期，制墨工艺愈加精细、考究，人们在小小的墨锭中倾注了大量的才思、情致，

---

[1] 湖北孝感地区第二期亦工亦农文物考古训练班：《湖北云梦睡虎地十一座秦墓发掘简报》，《文物》1976 年第 9 期。

[2] 徐坚等：《初学记》（下册）卷二一，中华书局 1962 年版，第 520 页。

湖北云梦睡虎地秦简

当然也包括不菲的物力和人力。前面提到的韦诞，在墨史上的地位更为崇高。他发明了影响深远的"合墨法"，制作出极为精美的"韦诞墨"。据说用韦诞墨书写"一点如漆"，也就是香气四溢、色泽光莹、历久弥新，这是对韦诞墨最好的评价！而韦诞本人也颇为自豪。据说当时洛阳、许昌、邺都的宫观落成后，朝廷命韦诞题写宫殿榜额，并提供御用笔墨。但它们并不入韦诞法眼，他说：

> 蔡邕自矜能书，兼斯喜之法，非纨素不妄下笔。夫欲善其事，必利其器，若用张芝笔、左伯纸及臣墨，兼此三具，又得臣手，然后可以逞径丈之势，方寸千言！[1]

蔡邕是东汉著名的书法家，学书兼具李斯、曹喜之长，因此颇为

---

[1]陆友：《墨史》，《丛书集成》本，商务印书馆1939年版，第3页。

薛稷《信行禅师碑》局部 唐代

骄傲，只肯用洁白的绸子施展笔下功夫。韦诞比之有过之而无不及，认为只有张芝笔、左伯纸和自制的墨，[1] 才是上好的文房用具，只有兼具了这三种利器，再加上自己的书法，才能在方寸之间纵横捭阖，下笔如神！

　　韦诞把才情、思致倾注在墨上的风雅之举，被后来的文人士子们发扬光大。墨也如同笔一样，越来越深地契入了文人的日常生活，成为他们欣赏、把玩、吟咏的审美对象，为他们的生活提供了无限的乐趣。魏晋南北朝时期，赏墨、玩墨已经蔚然成风，人们不仅以墨为用，留下了中国书法史上的诸多神品，而且墨也成为独立的审美对象，积淀了丰厚的审美经验。这些宝贵的经验包括：样、色、声、轻重、新故、养蓄等。就像是古人总结的笔之"四德"（锐、齐、圆、健），是中国古人将内在的、主观的生命情调和品格追求，投射到外化的、客观的笔墨等日

---

[1] 张芝是东汉著名的书法家，以制笔出名；左伯是汉代蔡伦之后又一位造纸高手。张芝笔、左伯纸在当时极为昂贵。

常用品之上，涵泳蕴藉，塑造一种气韵生动、活泼自由的艺术化生活情境的感性显现。这种直观的、感性的生活之美，在魏晋时期达到了历史上的第一个高峰，又经过数百年的沉潜积淀，终于在唐宋蔚为大观，形成了最精雅、纯粹的文人生活。

在韩愈的《毛颖传》里，只有笔被封侯拜相，而墨则被称为"绛人陈玄"，一介布衣而已。其实，这未免湮没了墨的功勋。早在韩愈之前，书法家薛稷就已经开始"游戏文房"，为笔、墨、纸、砚分封官职了。笔、墨、纸、砚在薛稷那里都获得了"九锡"的赏赐，如笔是"墨曹都统、黑水郡王兼毛州刺史"，纸是"楮国公、白州刺史、统领万字军界道中郎将"，砚则是"离石乡侯、使持节即墨军事长史兼铁面尚书"。显然，这些官职和封号，都是根据笔、墨、纸、砚本身各自的材质、色泽和质地所拟，堪称用心良苦。其中，据说封赐墨的时候，气象极为神异：

> （薛）稷又为墨封九锡，拜松燕都护、玄香太守兼亳州诸
> 郡平章事。是日，墨吐异气，结成楼台状。邻里来观，食久
> 乃灭。[1]

看来，在薛稷的养蓄呵护之下，墨已浸润了天地英华，颇通人性了。这当然又是文人墨客游戏笔墨的消遣之作了，但也正因这种消遣、闲雅的生活风尚，使得我们的文化传统日益富丽、极尽精粹。自从薛稷开始，"玄香太守""松燕都护"等就成了墨的别称。除此之外，墨在唐代，还有"金不换""乌玉玦""书媒""黑松使者"等雅称，这些延续至今的风雅称谓，隐约暗示出当时文人士大夫生活艺术化的气息已经充溢到日常生活的每个细节和局部了。比如唐人李廷珪有一首《藏墨诀》诗说：

> 赠尔乌玉玦，泉清研（砚）须洁。避暑悬葛囊，临风度

---

[1] 冯贽：《云仙杂记》卷六，《四部丛刊》本，商务印书馆 1934 年影印本。

梅月。[1]

李廷珪是歙州（今安徽南部）人，其父李超原居易州（今河北易县），是一代制墨名匠，唐末战乱之际流落江南。廷珪既出身于制墨世家，又寓居江南产墨之乡，自然有融会南北、独创出新的优势。他制墨时的工艺比韦诞更复杂、精细，墨样也推陈出新，设计出剑脊龙纹圆饼、双脊鲤鱼、乌玉玦、蟠龙弹丸等。[2]据说李廷珪墨"其坚如玉，其纹如犀"，入水不化，在当时已经是重金难购，时人有"黄金可得，李氏之墨不可得"的说法。[3]《藏墨诀》诗里说的"乌玉玦"，就是李廷珪自己的作品。从这首流露着颇为自豪的诗中，我们能大概了解当时上层文人的笔墨生活是何等清洁、优雅：研磨要用新汲的清冽泉水，砚台要常洗以保持温润清洁，墨用完后要用革囊存放，悬挂在清风明月、梅香凛冽之处……

相比之下，薛稷、韩愈等那些为笔墨封官拜相、树碑立传的人，就显得粗枝大叶、浮光掠影了。真正审美的生活，不仅要让生活的细节和局部停留在诗歌、艺术作品中，还要把原本投射到诗歌、艺术中的情感、想象力灌注到日常生活中，把日常生活看作艺术品，在庸常平凡的生活日用之物中极深研几，曲尽其妙，体味生活日用本身的情趣和格调。也就是说，要让生活本身充溢散发出艺术的气息。李白曾写过一首《酬张司马赠墨》诗：

> 上党碧松烟，夷陵丹砂末。兰麝凝珍墨，精光乃堪掇。黄头奴子双鸦鬟，锦囊养之怀袖间。今日赠予兰亭去，兴来洒笔会稽山。[4]

---

[1] 查慎行：《苏诗补注》卷二五，《影印文渊阁四库全书》第 1111 册，台湾商务印书馆 1983 年版，第 490 页。

[2][日] 大村西崖著，陈彬龢译：《中国美术史》，商务印书馆 1930 年版，第 125 页。

[3] 陆友：《墨史》，《丛书集成》本，商务印书馆 1939 年版，第 10—16 页。

[4] 王锜注：《李太白全集》中册，中华书局 2003 年版，第 875 页。

诗的前四句写的是墨的材质、墨光和墨色；"黄头奴子双鸦鬓"描绘的是墨样，曲尽物态；"锦囊养之怀袖间"则是"养蓄"之法了。友人赠李白以珍墨，李白以歌诗酬答，这才是吟风弄月、不落俗套的清雅生活！

而这种清雅生活的极致，就在宋人的"墨癖"中展现得淋漓尽致。墨至于宋而极尽精工，而宋人对墨，也是一往情深。宋代的文化巨擘，如苏东坡、司马光、黄庭坚等都嗜墨成癖，这种风气波及开来，一般的文人士大夫也都以藏墨、蓄墨、赏墨为优雅之能事，以至于宋代制墨业畸形繁荣，大片大片的松林被砍伐、消失。晁冲之曾有一首诗说：

> 长安纸价犹未贵，江南江北山皆童。[1]

晁冲之藏有一方李廷珪所制的双脊龙纹墨饼，养蓄多年。僧人法一擅长书法，便向他讨要。碍于十多年的友情，晁氏虽不情愿，却难以拒绝，就写下了这首诗，内容是说：原来黄山上遍布亭亭古松，它们得到山神庇护，魑魅魍魉均远而避之。可是自从李廷珪父子于此开了墨灶，这些古松就大难临头了。山无草木谓之"童"，"江南江北山皆童"虽是夸张的说法，却也透露出时人嗜墨，砍伐了多少松林！

晁冲之还算幸运，僧人法一对他还算客气。如果遇到苏轼、李常（字公择）这样墨癖无可救药的人，就难免被强取豪夺了。据《东坡题跋》记载，李常"见墨辄夺，相知间抄取殆遍"，这就是明火执仗的"抢劫"了。有人说李家"悬墨满室"[2]，想来应该是很壮观的。苏轼感叹说，李公择嗜墨如此，真是"通人之一蔽"，但他自己又何尝不是如此呢？据他自己说：

> 黄鲁直（引者注：庭坚）学吾书，辄以书名于时。好事

[1] 晁冲之：《赠僧法一墨》，《晁具茨先生诗集》卷三，江苏古籍出版社1988年影印版，第35—37页。
[2] 苏轼：《书李公择墨蔽》，《东坡题跋》卷五，中华书局1985年影印版，第103页。

苏轼《古木怪石图》北宋 私人收藏

者争以精纸妙墨求之，常携古锦囊，满中皆是物也。一日见过，探之，得承晏墨半挺。鲁直甚惜之，曰："群儿贱家鸡，嗜野鹜。"遂夺之，此墨是也。元祐四年三月四日。[1]

夺人所爱，还要刻意记下年月日，大有耀武扬威、立此存照的意味。这就是嗜好成癖者异乎寻常之处，看似迂阔怪诞，实则性灵所钟，一往情深。苏轼曾抱怨说，自己"蓄墨数百挺"，一有闲暇就拿出来赏玩、品第，其中能令其满意的，不过一二而已，因此有"世间佳物，自是难得"的感慨。[2]

可贵的是，苏轼等人已有了清醒的自觉。人生苦短，如果完全顺应感官刺激的需要，为无尽的物欲所主宰，势必陷入永无止境的逐物深渊，不得清净。他在一首题为《次韵答舒教授观余所藏墨》的诗里说：

世间有癖念谁无，倾身障篾尤堪鄙。人生当著几两屐，

---

[1] 苏轼：《记夺鲁直墨》，《东坡题跋》卷五，中华书局 1985 年影印版，第 105 页。
[2] 苏轼：《书墨》，《东坡题跋》卷五，中华书局 1985 年影印版，第 102 页。

定心肯为微物起。此墨足支三十年，但恐风霜侵发齿。非人磨墨墨磨人，瓶应未罄罍先耻。逝将振衣归故国，数亩荒园自锄理。作书寄君君莫笑，但觅来禽与青李。一螺点漆便有余，万灶烧松何处使。[1]

这就是说，人有嗜癖是情理之中的事，但要适可而止。如果为了满足一己嗜癖而有悖常理，甚至不惜身家性命，那就非常可悲了。就拿墨癖来说，一方佳墨，足供使用多年，蓄积再多，也无用武之地。嗜墨成癖，乃至生死以之，其实是生命被物欲所主宰，蓄积的墨越多，越说明自己非但不是墨的主人，反而沦为墨的奴仆。"非人磨墨墨磨人"一语，精辟地道出了人之心灵为物欲所攻陷、丧失自由的可悲可叹境地。

元明以后，中国的制墨工艺更趋精湛，留下了更多精妙绝伦的传世珍品，如分别刊刻过《程氏墨苑》和《方氏墨谱》的制墨名匠程君房、方于鲁等人的作品，至今仍活跃在喜好赏墨、藏墨之人手中，墨也像笔一样，自立门户，有了墨床、墨台、墨匣等专供其憩息的陪侍品[2]，但再无人能像苏东坡这样超迈洒脱，不为物欲情累所羁绊。

---

[1] 王文浩辑注：《苏轼诗集》卷一六，中华书局 1982 年版，第 838 页。

[2] 墨床和墨台是研磨后放置未干的墨锭的用具，多做成精致小巧的床的形状，大概从明代开始出现；墨匣则是专门储藏墨的小匣子，材质和做工多样。

砚田瀚海："踏天磨刀割紫云"

砚又称"墨海"，据说是黄帝的发明。《文房四谱》煞有介事地说，见过黄帝所造的玉砚："黄帝得玉一纽，治为墨海，其上篆文曰'帝鸿氏之砚'。"[1] 我们知道，篆书是秦代李斯奉秦始皇之命所厘定的统一文字，黄帝又怎会书写篆字呢？

不过，从考古发现来看，砚出现的时间确实相当于传说中的黄帝时代。20世纪中期，在西安半坡、宝鸡北首岭和临潼姜寨等新石器文化遗址中，相继发现了几方用来研磨和配置颜料的石盘。这些石盘，被考古学家们认定是中国石砚的发端。[2] 当然，这些造型拙朴、未经雕琢的古砚只是纯粹为了实用罢了。其实，直到春秋时期，人们也并未把太多的心思倾注在文房用具上。据说唐代孔庙里尚且保存着一方孔子用过的石砚，许多人都亲见过。王嵩崿还专门写过一篇《夫子庙石砚赋》。从这篇赋的描述我们大概可以想象，孔砚不过是一块方方正正、规规矩矩，没有任何雕饰的石砚罢了。不过孔子用它删《诗》、正《乐》、序《书》、赞《易》、传《礼》、作《春秋》，为后代留下了百世不易的经典，这方石砚可谓功莫大焉！于是它的质朴无华、器形方正，也就被赋予了厚重的文化品格，那就是重实行、轻文饰，崇尚中正规矩，反对曲学偏邪。

不过，爱美之心，人皆有之。孔砚之所以质朴无华，恐怕还是由于当时物力和制砚工艺所限。李贺就曾经在一首诗里说："孔砚宽顽何足云！"[3] "宽顽"，就是对孔砚"宛无雕镌"的拙朴颇为不屑了。

那么，什么样的砚才可入后世文人法眼呢？晋代人傅玄在《砚赋》

---

[1] 苏易简：《文房四谱》卷三，《丛书集成》本，商务印书馆1939年版，第35页。

[2] 吴梓林：《石砚溯源》，《人民日报（海外版）》1995年10月20日。

[3] 李贺：《杨生青花紫石砚歌》，王锜等注：《李贺诗歌辑注》，上海古籍出版社1977年版，第218页。

中说：

> 采阴山之潜璞，简众材之攸宜。节方圆以定形，锻金铁
> 以为池。设上下之剖判，配法象乎二仪。木贵其能软，石美
> 其润坚。加采漆之胶固，含冲德之清玄。[1]

所谓"采阴山之潜璞"的说法，可能有些夸张，但至少能说明在魏晋时期，制砚对于材质的要求越来越高。石材取其温润且坚硬者，木料则选择质地柔软的。至于具体的形制和纹饰，则依据天圆地方和阴阳协调的原则加以雕琢，木砚涂饰彩漆，石砚取其天然幽玄之色。

魏晋和南朝，正是老庄哲学和玄学兴盛的时代。老庄和玄学都崇尚自然，务求清虚玄远，反映到文房用具上，自然就体现出这种自然、简约、清雅，且风韵悠长的审美情趣。而从其材质来看，除了传统的石砚、木砚外，瓷砚和陶砚也特别流行。后面两种材质因其更依赖人工，风格尤能体现出一时流行的趣味和风尚。

唐宋才是中国砚文化真正大放异彩的时代。于是人们除了把砚作为一种艺术题材写入诗文外，还把砚本身视作艺术的"体裁"，这就出现了数不胜数的直接镂刻在砚体上的铭文、诗句等。这些铭文、诗句虽然是从咏物诗文的传统中衍生出来的，却短小凝练、别具一格。如苏轼不仅有墨癖，亦喜藏砚，他一生曾作过砚铭数十首，如《孔毅甫龙尾砚铭》：

> 涩不留笔，滑不拒墨。爪肤而縠理，金声而玉德。厚而
> 坚，足以阅人于古今。朴而重，不能随人以南北。[2]

"龙尾砚"就是歙砚，因产于歙州（今江西婺源）龙尾山一带的涧溪中，故而又称龙尾砚。据说唐代开元年间，婺源一位姓叶的猎人在山中追捕野兽，偶然发现了一堆"莹洁可爱"的石头，便带回家，草草打

---

[1] 严可均：《全晋文》卷四五，《全上古三代秦汉三国六朝文》第2册，第1716页。
[2] 苏轼著，孔凡礼点校：《苏轼文集》卷一九，中华书局1986年版，第549页。

磨成砚，却发现它比名扬海内的端砚还要温润可用，这就是歙砚的由来。[1]那么，歙砚好在哪里呢？

原来，质地坚硬的石头往往圭角分明、锋芒毕露，优点在于发墨快，缺点就是摩擦严重，容易损毁毛笔；相反，质地温润的石头肌理圆润光滑，不伤笔，却也因为摩擦小而不易发墨。只有歙州龙尾石融合了坚与润两种优长，"嫩而坚，润而不滑。扣之有声，抚之若肤，磨之如锋，兼以纹理灿缦，色拟碧天，虽用积久，涤之略无墨渍"[2]。苏轼《孔毅甫龙尾砚铭》中所说的"涩不留笔，滑不拒墨"说的就是歙砚这种得天独厚的优良质地。"爪肤而縠理，金声而玉德"则是从声、色两方面而言的："爪肤"就是磨去表面的石皮，这样才能见出龙尾石如同绮罗一般精美的纹理；[3]"金声"则是说叩击龙尾石，因其质地细密均匀，铿然作金声玉振之响；"玉德"，则言其温润，与后面所说的"厚而坚""朴而重"，都是象征性的说法，用来比附君子矢志不移、坚贞持重的高尚节操。从中我们看到，在砚铭中既有关于砚的声、色、形，以及触觉质感的感性审美欣赏，又有由此种审美体验感发出的道德升华。砚之对于日常生活快乐的获得，以及道德修养、人生境界的提升，其助益自可窥见一斑！

端砚产自端州（今广东肇庆）境内的端溪斧柯山一带。根据宋代人所著的《端溪砚谱》记载，斧柯山"峻峙壁立，下际潮水"，可谓险峻异常，砚石就产在斧柯山上三四里处。[4]李贺曾经对孔砚的质朴无华不屑一顾，他之所以敢做如此惊人之论，就在于见识过端砚的风采：

---

[1] 唐积：《歙州砚谱》，《影印文渊阁四库全书》第 843 册，台湾商务印书馆 1983 年影印版，第 73 页。

[2] 徐毅：《歙砚辑考》，《续修四库全书》第 1113 册，上海古籍出版社 2002 年影印版，第 424 页。

[3] 叶顺：《基于士人品德的歙砚审美理念——兼论"爪肤而縠理"》，《东方收藏》2013 年第 2 期。

[4] 叶樾注：《端溪砚谱》，《丛书集成》本，商务印书馆 1939 年版，第 1 页。

　　　　端州石工巧如神，踏天磨刀割紫云。佣刓抱水含满唇，
　　暗洒苌弘冷血痕。纱帷昼暖墨花春，轻沤漂沫松麝薰。干腻
　　薄重立脚匀，数寸光秋无日昏。圆毫促点声静新，孔砚宽顽
　　何足云！[1]

　　"紫云"是形象的说法，指五彩斑斓的端溪砚石，因为产地高峻入云，所以有此比喻。"踏天磨刀割紫云"，视通万里，想落天外，充分发挥了想象力和敷采铺陈的能事，所以呈现得奇谲瑰丽。李贺诗接下来无非用华彩丽句称赞端砚质地精良、纹理细密美观等优点，读者自可发挥自己的想象来还原端砚的绝世惊艳：端砚的优点就在于纯净、幼嫩、温润，用它磨墨寒不结冰、暖不干燥，以至于用过后长久放置，依然可以"呵气成墨"！

　　传统时代的文人士子们以笔墨为生涯，砚与他们的生活就有了更为要紧的关联。人们亲切地把砚称作"砚田"，并且戏谑地说：

　　惟砚作田，咸歌乐岁。墨稼有秋，笔耕无税。[2]

　　"砚田无税"的说法，形象地道出了笔墨生涯带给读书人的文化和身份自信，也映射出中国传统社会对于文化本身的敬重和优待。这种敬重和优待，眉目清晰地绽放在文人士子对砚的呵护和珍爱上：古人创造出精美考究的砚匣、砚室，专门储藏砚台，且美其名曰"紫方馆"；他们又别出心裁地为砚设计出小巧精致的屏风，名曰"砚屏"，用来障壁风日侵蚀；连往砚里注水用的工具砚滴，都受到特别的关注，被冠以"玉唾""金小相""通梧先生"等雅称[3]，至于痴迷于藏砚、赏砚的文人士大夫，就更是数不胜数了。

[1] 李贺：《杨生青花紫石砚歌》，王锜等注《李贺诗歌辑注》，上海古籍出版社 1997 年版，第 217—218 页。
[2] 蒋超伯：《南漘楛语》卷三，引伊秉绶：《砚铭》，欧清煜、陈日荣：《中华砚学通鉴》，浙江大学出版社 2010 年版，第 302 页。
[3] 孙书安编著：《中国博物别名大辞典》，北京出版社 2000 年版，第 477 页。

贵重三都："浣花笺纸桃花色"

　　《毛颖传》里的"褚先生"，也就是纸。英国历史学家韦尔斯在研究欧洲文艺复兴时曾说过："造纸一事，尤为重要。即谓欧洲再兴之得力乎纸亦未为过也。"[1]其原因在于造纸术的发明，使得书写媒介变得便利、廉价，极大推动了知识和文化的传播与普及，从而唤醒了无缘接触文化和思想，沉睡在蒙昧状态中的大众。

　　西晋文学家傅咸专门写过一篇《纸赋》，称颂纸的"轻美"：

> 　　夫其（引者注：纸）为物，厥美可珍。廉方有则，体洁性贞。含章蕴藻，实好斯文。取彼之弊，以为此新。揽之则舒，舍之则卷。可屈可伸，能幽能显。[2]

　　"取彼之弊"的"彼"，就是指"贵"而"重"的竹帛、金石等。在没有纸的时代，读书是多么耗费体力的事儿。《史记》中记载，秦始皇每天要批阅竹简文书重达 120 多斤，而这 120 多斤的竹简上，所记载的文字也不过 30 万字！[3]而在今天，这也不过是区区一本书而已！这就不难理解，为何古人认为纸是"轻美"之物了。这种"美"，既有视觉上的美感，更是从质感、分量上获得的轻盈、畅快的体验！

　　这就是说，纸从问世那天起，就具有天生的美的禀赋！

　　天生丽质的纸，在古人的记载中，却不像笔、墨、砚那样，与上古的圣人们沾亲带故，有一个系出名门的高贵出身。纸的发明，一般都归功于东汉的蔡伦。

---

[1] 韦尔斯著，梁思成等译：《世界史纲》，上海人民出版社 2006 年版，第 529 页。

[2] 苏易简：《文房四谱》卷四，《丛书集成》本，商务印书馆 1939 年版，第 60 页。

[3] 王子今：《秦始皇的阅读速度》，《博览群书》2008 年第 1 期。

蔡伦，字敬仲，桂阳（今湖南省东南部）人，是东汉时期宫廷里的宦官。据说他富有才学，思虑精巧，负责督造皇室器用，有感于当时的书写载体丝帛昂贵难得、竹简笨重，便决意改进，发明了用树皮、麻头、破布和渔网为原料造纸的办法。东汉元兴五年（公元 105 年），蔡伦把他造出的纸献给皇帝，获得认可，风行天下。因此纸也就被天下人称为"蔡伦纸"或"蔡侯纸"[1]，就像傅咸的《纸赋》里面说的：

> 礼随时变，而器与事易。既作契以代绳兮，又造纸以当策。犹纯俭之从宜，亦惟变而是适。[2]

这就是说，一个时代有一个时代的礼仪、制度和思想观念，用来承载、显现它们的器物也要与时俱进。书契文字取代结绳记事是文明的一大进步，而造纸术的发明，又是文明向前迈进一步的物化表征。

当然，这并不是说，纸完全是蔡伦个人毫无凭借的全新创造。其实，在蔡伦之前，就有了纤维造纸的技术，比如在 20 世纪的考古发现中，陆续有西汉乃至战国的古纸出土，但有一点可以确信无疑：造纸技术经由蔡伦之手而更加精湛，且在他的推动下广为流传。

如果说书法家是一位胸怀韬略的将军，那纸无疑就他纵横捭阖、施展勇力和智谋的战场了。战场地势开阔平坦、土质坚硬，有利于将军挥戈驰骋；纸的尺幅合宜、质地细匀，自然也有助于书法家运腕自如、尽情挥洒。据说王羲之本人作书，只用张永义所造的纸张，因为这种纸"紧光泽丽，便于行笔"[3]；而陆云在编辑、誊写陆机的文集时，没有找到精美的纸张，心中留下无限的遗憾：

---

[1] 钱存训：《书于竹帛》，上海书店出版社 2003 年版，第 115 页。

[2] 苏易简：《文房四谱》卷四，《丛书集成》本，商务印书馆 1939 年版，第 60 页。

[3] 董逌：《广川书跋》，卢辅圣主编：《中国书画全书》第 1 册，上海书画出版社 1993 年版，第 787 页。

书不工，纸又恶，恨不精！[1]

由纸不精而心生恨意，大概是文人特有的矫情，然而也正是这份对待生活细节面面俱到、刻意求精的痴迷和执着，使平淡无奇的纸竟也能日新月异、气象万千，跻身高雅的艺术品之列，成为文人墨客放置案头、日常欣赏和把玩的对象。

《文房四谱》中说，东晋末年的权臣桓玄，作"桃花笺纸，缥绿青赤者，盖今蜀笺之制也"[2]。所谓"笺"，就是尺幅较小的纸张，"桃花笺"即是青红相间、精致明丽的笺纸。在南朝时期，上层文人间就有了把玩、吟咏"桃花笺"的风尚，如《玉台新咏》里收录的梁代江洪的一首《为傅建康咏红笺》诗：

> 杂彩何足奇，惟红偏作可。灼烁类蕖开，轻明似霞破。镂质卷芳脂，裁花承百和。且传别离心，复是相思里。不值情牵人，岂识风流座。[3]

这是一首脂粉气息浓郁的艳情诗，诗歌的主人公虽未出场，但必是一个妖娆多情且略带伤感的女子，她正沉浸在与情人离别的淡淡哀愁中，用"桃花笺"写信给他，倾诉衷肠。那笺纸粉红明艳、脆薄透明，像初绽的芙蓉，又似明灭的云霞，因为有这女子的摩挲、把玩，沾染了芬芳的气息。在这里，笺纸就不仅仅是承墨供书的工具了，而成了弥漫着相思和感伤的信物。

大名鼎鼎的"蜀笺"，就承续了这浓得化不开的脂粉气。

从《文房四谱》的记述来看，蜀笺的制作工序极为复杂，造纸本身似乎已经无足轻重了，人们更看重的是纸张后期的颜色晕染、纹理压

---

[1] 严可均：《全上古三代秦汉三国六朝文》第 2 册，中华书局 1985 年版，第 2041 页。

[2] 苏易简：《文房四谱》卷四，《丛书集成》本，商务印书馆 1939 年版，第 49 页。

[3] 徐陵著，吴兆宜注，程琰删补：《玉台新咏》（上册）卷五，中华书局 1985 年版，第 204 页。

（传）孙位《高逸图》唐代 现藏于上海博物馆

制和图案绘制等。这种"繁缛可爱"的笺纸对制作环境和工艺的要求极高，须得洁净、清幽、纤尘不染之所；对工匠提出了更高的要求，他们必须排除尘俗杂念、凝神静思，既顺从色彩在纸张上面发散、晕染产生的自然纹样和色块，又施以巧妙的构思和刻绘。这样才能巧夺天工，造出精致明丽而又不露人工雕琢痕迹的笺纸。

在唐代，人们就已开始把十色蜀笺当作馈赠亲友的礼物，就连主张"色即是空，空即是色"的出家人，也对十色笺的"色"迷恋不已，如僧人齐己就写过一首《谢人惠十色花笺并棋子》诗：

> 陵州棋子浣花笺，深愧携来自锦川。海蚌琢成星落落，吴绫隐出雁翩翩。留防桂苑题诗客，惜寄桃源敌手仙。捧受不堪思出处，七千余里剑门前。[1]

友人不远千里，从成都带来两样精美的礼物相赠，齐己自然异常感动。用海蚌壳磨成的棋子，他想转赠给隐居世外的高人，而十色笺纸，他就不舍得用了，留待那些科场得意的青年才俊们来题诗用吧！"吴绫隐出雁翩翩"是比喻的说法：吴绫是江苏吴江所产的著名丝绸，纹样高贵、色彩绚烂，从唐代开始就是进贡皇室的贡品，齐己把十色笺比作吴绫，从中我们可以想象它有多么精美！

---

[1] 毛晋编：《白莲集》卷七五，台湾明文书局 1981 年影印版，第 100 页。

另一位以制笺著称的薛涛，是晚唐时期的著名女诗人。她生于长安，长于成都，居住在郊外的浣花溪畔。她有感于蜀笺篇幅稍大，常常写完一首诗后还留有许多空白，便设计出一种形制更精致、色彩更清雅的"八行笺"，并用它来和当时的著名诗人元稹、白居易、杜牧、刘禹锡等人通信、诗歌酬唱。"薛涛笺"也就驰名海内了，令许多文人墨客心向往之。晚唐诗人韦庄就有一首《乞彩笺歌》：

> 浣花溪上如花客，绿暗红藏人不识。留得溪头瑟瑟波，泼成纸上猩猩色。手把金刀擘彩云，有时剪破秋天碧。不使红霓段段飞，一时驱上丹霞壁。蜀客才多染不供，卓文醉后开无力。孔雀衔来向日飞，翩翩压折黄金翼。我有歌诗一千首，磨砻山岳罗星斗。开卷长疑雷电惊，挥毫只怕龙蛇走。班班布在时人口，满袖松花都未有。人间无处买烟霞，须知得自神仙手。也知价重连城璧，一纸万金犹不惜。薛涛昨夜梦中来，殷勤劝向君边觅。[1]

说薛涛笺贵若拱璧、一纸万金恐怕有些夸张，但韦庄以一代辞章名家，竟然费尽心思向人讨要薛涛笺，足以说明它在当时的风靡程度了。薛涛笺之所以广为流布，当然首先因其制作精美绝伦，满足了人们对精致、清雅的日常生活用品的需求，但从某种程度上说，薛涛本人作为"浣花溪上如花客"，与文人墨客们诗酒唱和的风流韵事，也为薛涛笺平添了许多诗意、浪漫的色彩。

也正因此，它敞开了一个浪漫的审美想象空间，让居住在蜀地的人能够借物怡情，给枯燥、平淡的日常生活带来些许的慰藉。比如李商隐在《送崔珏往西川》诗中说：

> 年少因何有旅愁，欲为东下更西游。一条雪浪吼巫峡，

---

[1] 韦庄著，聂安福笺注：《韦庄集笺注》，上海古籍出版社 2002 年版，第 348 页。

千里火云烧益州。卜肆至今多寂寞，酒垆从古擅风流。浣花笺纸桃花色，好好题诗咏玉钩。[1]

　　崔珏也是知名的才子，后来中进士第，进入仕途，清廉正直、擅断案，被称为"崔判官"。从李商隐的诗来看，崔珏去西川，似乎有不得已的苦衷，并不情愿。于是李商隐便罗列了西川种种雄奇壮丽的自然景色来安慰他。当然，更重要的是那里还有种种文采风流的历史文化氛围，如司马相如和卓文君的爱情传奇，以及前面韦庄诗歌中提到的"浣花溪上如花客"的薛涛。"浣花笺纸桃花色，好好题诗咏玉钩"，一幅小小的彩笺，引得多少才华横溢的辞章才子心驰神往，又给他们的日常生活带来多少情感和审美的抚慰！

　　笺纸虽然精美，但毕竟尺幅狭小，只可供赋诗、写信之用，放置案头、珍藏于笥内，固然是清雅可爱，但只适合于小情调、小境界的排遣。若想像王羲之那样挥戈跃马、纵横驰骋，笺纸的空间就显得异常逼仄了。

　　好在古人的才情并不偏执于"小"。在蜀笺风行天下的同时，大尺幅的精制纸张也流行起来，为才气纵横、不可局促于方寸之间的大情怀、大境界提供了施展拳脚的空间，这就是宣纸。韩愈《毛颖传》里说毛颖是宣州人士，宣纸可以算作毛颖的同乡，并且因此而得名"宣纸"。据说在唐代，许多附庸风雅的人家，经常储备上百张的宣纸，用蜡浸染，使之透亮，以便于摹写书画作品。[2]

　　说宣纸，就不能不说说澄心堂纸。"澄心堂"是五代时期南唐先主李昪在金陵所建造的一栋建筑，专门用来宴饮会客。后来，后主李煜在澄心堂中藏书、作书画、与文人雅士宴饮交游，他所用的纸张，是专门命人制作、仅供御用的，就被人们称为"澄心堂纸"。澄心堂纸质地均

[1] 李商隐著，冯浩笺注：《玉溪生诗集笺注》卷三，上海古籍出版社 1979 年版，第655 页。

[2] 张彦远：《历代名画记》卷二，卢辅圣主编：《中国书画全书》第 1 册，上海书画出版社 1993 年版，第 127 页。

匀而密实，纹理细致、表面光洁、透亮轻脆，是纸中绝品。[1]后人曾说，李煜御用的文房用具李廷圭墨、龙尾石砚和澄心堂纸，是"天下之冠"[2]。

那么，澄心堂纸好在哪里，何以冠绝天下呢？

我们看看有幸获得澄心堂纸的人是怎么描述它的。北宋宝元三年（公元1040年），欧阳修送给梅尧臣两张澄心堂纸，梅氏不胜欣喜，专门写了一首《永叔寄澄心堂纸二幅》来记录此事：

> 昨朝人自东郡来，古纸两轴缄縢开。滑如春冰密如茧，把玩惊喜心徘徊。蜀笺蠹脆不禁久，剡楮薄慢还可咍。书言寄去当宝惜，慎勿乱与人翦裁。江南李氏有国日，百金不许市一枚。澄心堂中唯此物，静几铺写无尘埃。当时国破何所有，帑藏空竭生莓苔。但存图书及此纸，辇大都府非珍瑰。于今已逾六十载，弃置大屋墙角堆。幅狭不堪作诏命，聊备粗使供鸾台。鸾台天官或好事，持归秘惜何嫌猜。君今转遗重增愧，无君笔札无君才。心烦收拾乏匮椟，日畏扯裂防婴孩。不忍挥毫徒有思，依依还起子山哀。[3]

这是说南唐国破后，李煜的藏书和澄心堂纸都被赵宋皇室据为己有，弃置在库房中六十多年无人问津。遥想当年李后主在位时，澄心堂纸乃御用珍品，千金难买，而今却被用来做公文稿纸，真是苍黄翻覆，不胜唏嘘！梅尧臣是在感叹时人暴殄天物，还是在伤悼南唐的风流韵事？或许是兼而有之。"滑如春冰密如茧"一句，凝练传神，把澄心堂纸光洁、厚实、晶莹透亮的特性传达出来。有幸获赠两张，实属不易，所以他干脆珍藏起来。

---

[1] 费著：《笺纸谱》，《丛书集成》本，商务印书馆1939年版，第2页。

[2] 王辟之：《渑水燕谈录》，中华书局1981年版，第97页。

[3] 朱东润：《梅尧臣集编年校注》卷十，上海古籍出版社1980年版，第156页。

六年后，也就是庆历六年（公元 1046 年），又有人送给他百张澄心堂纸。这次他又写了一首诗，除了反复陈述澄心堂纸所寄托的历史兴亡外，还详细地介绍了它的制作工艺：

> 寒溪浸楮春夜月，敲冰举帘匀割脂。焙干坚滑若铺玉，一幅百钱曾不疑。江南老人有在者，为予尝说江南时。李主用以藏秘府，外人取次不得窥。城破犹存数千幅，致入本朝谁谓奇。漫堆闲屋任尘土，七十年来人不知。而今制作已轻薄，比于古纸诚堪嗤。古纸精光肉理厚，迩岁好事亦稍推。五六年前吾永叔，赠予两轴令宝之。是时颇叙此本末，遂号澄心堂纸诗。我不善书心每愧，君又何此百幅遗。重增吾赧不敢拒，且置缣箱何所为。[1]

原来，澄心堂纸是在冬季制成。造纸工匠们将浸泡在寒冷的溪水中的楮皮捞出后，顶着月光舂捣纸浆，然后在凛冽清澈的溪水中冲刷、捞纸、烘干。这样，制出的纸坚若金石、莹然如玉、肌理细密、精光透亮。尽管得到百余张，梅尧臣依然不舍得用它写字，一是因为自认书法不精，二是因为古法失传，这种冠绝古今的纸，用一张便少一张了！

纸至蜀笺与澄心堂纸，终于声色大开，分别在小而精雅、大而沧桑的路径中开创出文人笔墨生涯的新气象与新境界。如果说蜀笺更多寄托了个人化的缱绻缠绵的闲情与闲愁，那澄心堂纸则更多映射出中国文人的家国情怀、历史关切。然而，不管是小情调，还是大境界，也都只是因为有了纸这样一种愈加精致的媒介，才淋漓尽致地显现出来。

---

[1] 梅尧臣：《答宋学士次道寄澄心堂纸百幅》，朱东润：《梅尧臣集编年校注》卷一六，上海古籍出版社 1980 年版，第 335 页。

中国情韵："文房四士独相依"

笔、砚、纸、墨的历史，就是它们在保持日常实用功能的同时不断艺术化、审美化的历史，也是中国文人的笔墨生涯不断艺术化、审美化的历史。这一历史，滥觞于汉魏时代，到南朝而初具规模，至唐宋而终于境界大开、声色并陈。由此也形成了独具中国色彩的文房之美。

文房之美，并不是要褪去文房用具的实用功能，将笔、砚、纸、墨，以及其他的书写用具转化成与实用和日常生活毫不相干的艺术品，而是不断将其艺术化、审美化，力求为实用的过程不断注入艺术和审美的因素，使得日常生活平添诸多的乐趣和审美体验。所谓"磨润色先生之腹，濡藏锋都尉之头，引书煤而黯黯，入文亩而休休"[1]，就构成了传统中国读书人最稳定、基本的日常生活——"润色先生"是砚，"藏锋都尉"是笔，"书煤"是墨，"文亩"是纸。

他们与这几种文房器具朝夕相处，自然也就将其视作莫逆的朋友了。南宋绍熙三年（公元 1192 年），陆游被罢官闲居已有三年之久。门前冷落，罕有客至，多年的宦海浮沉令他对人情世故看得更加透彻，因而也多有游戏笔墨的诗歌创作出来。其中有一首的题目就叫作"闲居无客，所与度日笔砚纸墨而已，戏作长句"，诗中这样写道：

> 水复山重客到稀，文房四士独相依。黄金哪得与齐价，白首自应同告归。韫玉面凹观墨聚，浣花理腻觉毫飞。兴阑却欲烧香睡，闲听松声昼掩扉。[2]

本来，陆游是一个有志于廓清天下、致君尧舜上的积极用世之人，

---

[1] 薛涛：《四友赞》，张蓬舟笺：《薛涛诗笺》，人民文学出版社 1983 年版，第 7 页。

[2] 钱仲联：《剑南诗稿校注》卷二六，上海古籍出版社 1985 年版，第 1860 页。

然而现实的政治和社会情形却并未给他提供足够展露才能的空间。无奈之下，他只能退居山野，在"清闲无事"的状态中聊以度日。在这种情形下，如果没有"文房四士"，也就是笔、砚、纸、墨的陪伴，供他差遣，那他胸中的积郁又如何排遣？

　　或许正出于此，在陆游眼中，黄金是难与文房用具相提并论的。诗中所说的"韫玉"是鲁砚的别称，"浣花"则是蜀笺，都是他平日里"矮纸斜行闲作草"，打发时日不可或缺的用具。"文房四士独相依"，也就成了中国文人日常生活状态最纯粹，却也最精致、优雅的生活概括。

　　宋元以后，随着商业、城市经济的繁荣和商人、市民阶层的崛起，整个社会对于文化、精神和审美生活的需求愈加强烈，"文房四士"也进入了寻常百姓家。尽管其中不乏附庸风雅的商人和地主，只是拿它们来装点门庭、支撑脸面。但客观地说，笔、纸、墨、砚的普及，对于整个社会的文化、艺术和审美素养的提升都产生了巨大推动作用，商人和市民阶层的日常生活，也因为有了它们的点缀，注入了文化和艺术的气息。

　　这些炫人耳目、数不胜数的文房用具，有的至今仍活跃在收藏家和文人雅士的案头、掌上。它们能给当代人的生活增添怎样的美感和艺术气息，依赖于我们自身的品鉴力和欣赏力……

第六章
从『琴棋书石』到『赏玩之美』

莫将戏事扰真情，且可随缘道我赢。

——王安石《棋》

平生玩物游戏尔，把酒孰知情所寄。

——陈造《次韵梁广文重午吊古》

堪叹琴棋书画，虚中悦目怡情。内将灵物愈相轻。

怎了从来性命。

——王哲《西江月·四物》

说“长物”：闲情何处寄？

南朝刘义庆的《世说新语·德行篇》记载过这样一则故事：

王恭从会稽（今浙江绍兴）回来，本家叔父王忱去看望他，见到他坐着一领六尺竹席，就说：“你从东边回来时，应该带了许多这东西，能不能给我一领？”王恭听后默不作声，等王忱走后，就让人把自己的竹席送给他了，自己则换成了草垫子。王忱听说此事后，非常惭愧。王恭说：

> 丈人不悉恭，恭作人无长物。[1]

所谓“长物”，就是赘余无用之物。从此之后，“身无长物”就成了用来描述贫穷、简朴生活的成语。对于那些有能力和机会来获取锦衣美食的人来说，“身无长物”又往往用来描述他们廉洁、高尚的品行和节操。

而那些希冀长物、迷恋长物，为获取长物殚精竭虑、不择手段的人，则被看成品行和节操有缺陷、瑕疵，有累于人生境界的提升。这样的典故，在《世说新语·雅量篇》里也有记载：祖约嗜财、阮孚好鞋。有人去拜访祖约时，撞见他数钱，一见客人，神色惊慌，把来不及藏起来的两小箱子财物挪到身后，“倾身障之，意未能平”；而另外一人去拜访喜欢收藏鞋子的阮孚时，看见他正忙着给鞋子上蜡，就感叹说：

> 未知一生当着几量屐！[2]

也就是说，你挖空心思搜集那么多鞋子，又费心费力爱惜保养，

---

[1] 徐震堮：《世说新语校笺》上册，中华书局 2004 年版，第 24 页。

[2] 徐震堮：《世说新语校笺》上册，中华书局 2004 年版，第 199—200 页。

可是你这一辈子，能穿得了几双鞋呢？听到这样的挖苦和责难，一般人本会火冒三丈起来理论，而阮孚却毫不介怀，照旧"神色闲畅"地忙活着。因此，《世说新语》说他比视财如命、惊慌失措的祖约有"雅量"。然而，"雅量"毕竟只是"雅量"，只能说明阮孚待人接物有气度、不斤斤计较，他爱鞋与祖约爱财一样，被刘义庆看成"同是一累"。

这"累"，就是负累、妨碍，是人超凡脱俗、归全反真道路上的障碍。儒家经典《尚书·大禹谟》中有一句话说：

> 人心惟危，道心惟微；惟精惟一，允执厥中。[1]

根据后人的解释，人生来就禀赋"天地之性"和"气质之性"。天地之性就是纯然向善、不掺杂任何私欲的"道心"，因为它太纯粹、太抽象，所以很难为人所发现；气质之性却是食色之欲，催逼着人不断向外界攫取以满足私欲，因此比较危险。只有竭力克制嗜好和欲望，全神贯注于追求道心，才不至于被气质之性蒙蔽，才有可能达到圣人的境界[2]。这四句简短的话，被后来的儒家奉为不可违背的"十六字心传"，给长物做了负面的评价——物欲情累。

可是，千载而下，真正能摆脱物欲情累的又有几人？且不说那些打着"存天理，灭人欲"的旗号，人前道貌岸然、人后沉湎酒色，纵情放欲的"假道学"之士，就是那些被载入中华文明史册的典范人物，又何尝真正超越了凡俗世界、日常生活？屈原偏嗜华美的衣服，"制芰荷以为衣兮，集芙蓉以为裳"；陶渊明好菊与酒；李白更是嗜酒如命，"会须一饮三百杯"，"天子呼来不上船"；杜甫喜食酒肉，"酒债寻常行处有"，甚至死于过量饮酒吃肉[3]；欧阳修好奇石；苏轼有"墨癖"……到了明清时期，嗜酒、嗜茶、嗜花木、嗜禽鱼、嗜书画、嗜古董、嗜美食、嗜

[1] 阮元：《十三经注疏》上册，上海古籍出版社2007年影印版，第136页。

[2] 冯友兰：《中国哲学史》（下），三联书店2009年版，第337—341页。

[3] 郭沫若：《李白与杜甫》，人民文学出版社1972年版，第316—317页。

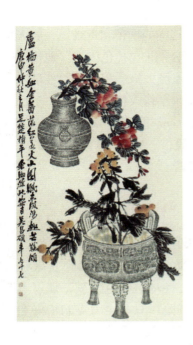

吴昌硕《清供图》近现代 现藏于故宫博物院

山水、嗜蹴鞠、嗜博弈、嗜美人、嗜戏剧等，这些掺杂了气质之性的长物，充斥着文人士大夫的生活空间，似乎离开了长物，人就百无聊赖、生存难以维系。

明清之际的散文家张岱写过一篇《自为墓志铭》。在这篇构思奇崛的文章里，他回顾自己的一生，竟翻检出一连串莫可名状的情欲物累：

> 蜀人张岱，陶庵其号也。少为纨绔子弟，极爱繁华，好精舍，好美婢，好娈童，好鲜衣，好美食，好骏马，好华灯，好烟火，好梨园，好鼓吹，好古董，好花鸟，兼以茶淫橘虐，书蠹诗魔。劳碌半生，皆成梦幻。年至五十，国破家亡，避迹山居，所存者破床碎几、折鼎病琴，与残书数帙、缺砚一方而已。布衣蔬食，常至断炊。回首二十年前，真如隔世。[1]

---

[1] 张岱著，云告点校：《琅嬛文集》，岳麓书社 1985 年版，第 199 页。

张岱"劳碌半生，皆成梦幻"的痛苦、虚妄、荒诞，源于明清易代的大动荡使他从一个养尊处优的世家子弟，沦落为山野村夫。个人的生活一落千丈，社会歌舞升平的繁华景象一去不返，这样天翻地覆的变化怎能不令人有恍如隔世之感！然而，细心阅读这段文字便能发现，即便破衣蔽体、饔飧不继了，张岱还是要随身携带一些看似无用的折鼎病琴、残书缺砚。他的文学成就，就表现在这些铺叙、描摹长物的文字中。更进一步说，如果没有"极爱繁华"的生活经历，他的文学声望、历史地位也真就"皆成梦幻"、无往不复了！

如此说来，是长物，是情欲物累，成就了张岱！这实在是有些不可理喻：长物累人，所以我们要时刻谨记"人心惟危""玩物丧志"的训诫；长物又助人，使人名垂史册，所以我们记住了那些蓄声伎、嗜茶酒、好歌舞、癖山水、爱美食、造园林、赏长物、写闲书的风雅名士。

究竟该如何看待长物？或许，这个问题应该换个提法：究竟应该怎么看待人本身的情与欲？是要做一个弃绝了七情六欲、趣味寡淡的圣徒，还是要做一个放荡不羁、纵情适性的浮浪子弟？

这当然是一个没有标准答案、因人而异的话题。摈弃情欲、缺少趣味和嗜好，不一定能够超凡入圣；亲近凡俗、放纵欲望也不能保证成为风雅名士。问题的关键在于我们应该思考如何应对生活和人生的闲暇，如何排遣挥之不去的"闲情"。

这就是要为"闲情"寻求一个寄托。渠道正确、方式得体，就不会产生消极的后果。如果百无聊赖、肆意妄为，就有十二分的危险，不仅有损自身，还会祸及他人。古人早就对此洞若观火，因此对"闲"格外防范。如《周易》说："闲邪存其诚"，"闲邪"就是"防闲邪"的意思，亦即防范因闲而入邪、作恶。因此，"闲邪存诚"就成了中国文化传统针对人的闲暇时光专门订立的教条，前面所说的"人心惟危"，从某种程度上也由此而来。而我们日常生活中常用的一些成语、习语，也往往对"闲"有高度的警惕和严厉的批评，诸如"闲是闲非""游手好闲""荡检逾闲"等。"防闲"最好的方式，自然是"存其诚"，保持对道德崇高境界的诚挚和专注，在日常生活中不断修德成善。具体的途径，就是一面读圣贤之言，虚心向善，一面检点自我，克制欲望。

陶渊明曾在一首诗中说：

　　闲居三十载，遂与尘事冥。诗书敦宿好，林园无世情。如何舍此去，遥遥至南荆。[1]

　　我们都知道陶渊明"少无适俗韵"，不肯为五斗米折腰。但他在闲居无事的时候，也孜孜不倦地读《诗经》和《尚书》。这说明儒家经典在古人心目中不仅是科举考试的敲门砖，更是修身养性的最重要途径。《晋书》里还曾记载过一个故事：王济懂得相马，又非常喜欢马，何峤爱财，聚敛无度。对此，杜预曾概括道："济有马癖，峤有钱癖。"晋武帝听说这句话后，问杜预："卿有何癖？"杜预回答说："臣有《左传》癖。"[2] 白居易也在《山中独吟》中说：

　　人各有一癖，我癖在章句。万缘皆已消，此病独未去。[3]

　　白乐天所说的"章句"，是指儒家经典著作的注解。山居无事，读章句而成癖成病，由此可见儒家经典的影响对古人来说，已经深入骨髓。
　　然而，并不是所有的人都能把"闲情"寄托在读经典上面。经典也不能完全满足人的情感、欲望和意志的需要。而"闲情"，恰恰是人从社会实践中解脱出来之后的闲暇中所萌生的情感落寞和心灵空虚，恰恰是感性的、审美的需要。也唯有能够满足这些需求的长物，才能够助人排遣闲情，获得感性的愉悦和审美的快乐。只有在这种满足中，人才能从生命意志的感性释放获得积极的快感，进而体验自由的生命境界。这

[1] 陶渊明：《辛丑岁七月赴假还江陵夜行涂口》，逯钦立校注：《陶渊明集》，中华书局 2008 年版，第 74 页。
[2]《晋书》第 4 册卷三四，中华书局 1974 年版，第 1032 页。
[3] 白居易著，朱金城笺校：《白居易集笺校》卷七第 1 册，上海古籍出版社 1988 年版，第 407 页。

王问《煮茶图》 明代 现藏于台北故宫博物院

样，我们实在不能轻视长物、压抑长物、抵制长物了。

那么，长物有哪些？中国人又是如何借长物消闲的？

闲赏：琴棋书石的价值

长物是赘余无用之物。赘余无用，是指和人的现实生活欲望了不相干，不能满足人的吃饭、穿衣等直接生存欲望和名利、财势等社会欲求。但是，它们却能从形、色、香、味、声等感官形式层面满足人的趣味需求，使人获得对于世界的完整的、富有情趣的体验。

张岱曾经做过一个极为恰当、形象的比喻：

> 世间有绝无益于世界、绝无益于人身，而卒为世界、人身所断不可少者，在天为月，在人为眉，在飞植则为草本花卉，为燕鹂蜂蝶之属。若月之无关于天之生杀之数，眉之无关于人之视听之官，草花燕蝶之无关于人之衣食之类，其无益于世界、人身也明甚。而试思有花朝而无月夕，有美目而无灿眉，有蚕桑而无花鸟，犹之乎不成其为世界，不成其为面庞也。[1]

月亮无关乎四时更迭、万物生养；没有了眉毛，人也一样能看清世界万物；花鸟就更是饥不可食、寒不可衣了。然而没了月，也就没有了花前月下的浪漫体验；没了眉，也就没有了眉清目秀的俊俏面庞；没了花鸟，自然也就没了"感时花溅泪，恨别鸟惊心"的清词丽句……沈春泽在给文震亨的《长物志》写的序文中，说得更为清楚：

> 夫标榜林壑，品题酒茗，收藏位置图史、杯铛之属，于世为闲事，于身为长物，而品人者，于此观韵焉，才与情焉，何也？挹古今清华美妙之气于耳目之前，供我呼吸，罗天地

---

[1] 张岱著，云告点校：《祭秦一生文》,《琅嬛文集》，岳麓书社 1985 年版，第 265 页。

王振鹏《伯牙鼓琴图》元代 现藏于故宫博物院

琐杂碎细之物于几席之上，听我指挥，挟日用寒不可衣、饥不可食之器，尊踰拱璧，享轻千金，以寄我之慷慨不平，非有真韵、真才与真情以胜之，其调弗同也。[1]

"林壑""酒茗""图史"和"杯铛"，是指园林、茶酒、图书、字画和古董器物等，它们对人的生存来说，自然是没有切身的价值的，但是为何许多人会对此情有独钟，不惜一掷千金？这就要特别注意沈春泽在这些长物之前所用的那些"动词"了——"标榜""品题""收藏""位置"。"标榜"和"品题"是指揭示园林、茶酒的美妙，并加以品评；"位置"就是设计和摆放。这些动词所揭示和强调的是人与长物的互动。长物本身是没有多少价值的，但如果人的才学、情致和品位参与进去，长物所蕴含的"古今清华美妙之气"才会一览无余，人的才学、情致和品位也会随之彰显。

人与物的互动，也就是才学、情致和品位的参与，才是"闲事"与"长物"的灵魂所在。这就是"闲赏"，因"闲"而"赏"，因"赏"而"适"，从而消遣了闲情，体会到生活和人生的乐趣。

---

[1] 文震亨著，陈植校注，杨超伯校订：《长物志校注》，江苏科学技术出版社 1984
年版，第 10 页。

中国古代的养生家们尤其注重闲赏，把闲赏看成是超脱世俗苦闷的绝佳途径，比如宋代赵希鹄在《洞天清禄集》中说：

> 人生一世间，如白驹过隙，而风雨忧愁，辄居三分之二，其间得闲者才一分耳。况知之而能享用者，又百之一二。于百一之中，又多以声色为受用，殊不知吾辈自有乐地，悦目初不在色，盈耳殊不在声。[1]

"悦目初不在色，盈耳初不在声"中的声与色，特指女色、声伎等唤起人的肉欲感官刺激。既然这些都不能算作赏心悦目之物，那究竟什么才能给人带来真正的快乐呢？这就是那些远离了肉体欲望和世俗名利的真正的"长物"——书画、琴棋、古董和奇石等。这些东西固然是物以稀为贵，但真正懂得欣赏、体验它们的人，购置和收藏它们，并不是为了囤积居奇以获重利，而是在闲暇的时候，在窗明几净的静室雅居内，把它们摆放出来，与三两知心好友一同欣赏和品评。观书画，在欣赏古人书法、画艺之美的同时，感受蕴含其中的淋漓元气；赏古董，穿透钟、鼎、尊、爵表面斑驳的铜绿，想象古代的历史兴亡；玩奇石名砚，体味天工开物、鬼斧神工的奇崛或人力雕琢却浑然天成、巧夺天工的妙处；抚古琴，手挥五弦、目送归鸿，沉醉在悠扬、素朴、淡雅的琴声中，忘却一切世俗的烦恼……如此，琴、棋、书、石，就在庸常、世俗、繁杂的日常生活世界里开疆拓土，开辟出一方纯粹的情感、精神享受的审美空间。难道世间还有比这更有价值的享受吗？

古人闲赏的对象涵盖古今、包罗万象。比如影响巨大的生活美学著作《遵生八笺》的作者高濂，就说自己在有闲的时候，除了赏玩古董外，还常常焚香鼓琴、栽花种竹。[2]另一个著名文人冯梦祯则更详细地罗列出"十三事"：

---

[1] 赵希鹄：《洞天清禄集》，《丛书集成》本，商务印书馆1939年版，第1页。

[2] 高濂著，王大淳点校：《遵生八笺》，巴蜀书社1992年版，第500页。

周文矩《重屏会棋图》五代 现藏于故宫博物院

> 随意散帙，焚香，瀹茗品泉，鸣琴，挥麈习静，临摹法书，观图画，弄笔墨，看池中鱼戏，或听鸟声，观卉木，识奇字，玩文石。[1]

在这"十三事"里，冯梦祯并未刻意区分哪些为古，哪些为今，哪些属人工，哪些是自然，而是一视同仁，只要涵泳了"古今清华美妙之气"，就一概拿来，为我所玩、为我所赏。欣赏的过程，并不是与外物、对象截然对立，而是突出和强化了人自身的参与。对待书，要"散帙"，随心所欲地阅读；香须亲手焚；茶要亲手泡；泉水要细细品味；拂尘要挥动；书画要观摩临写；奇石要把玩摩挲……此种气度、胸襟和眼力、情趣，是把天地自然万物都看成审美欣赏的对象，也是把自己投入到天地自然万物的怀抱中，在人与物、内与外的浑然交融中体验真正的"天人合一"的境界。

---

[1] 冯梦祯：《真实斋常课记》，《快雪堂集》卷四五，《四库全书存目丛书》集部第164册，齐鲁书社1997年影印版，第648页。

说到"天人合一"，可能有些玄虚。让我们看看白居易是如何体会"天人合一"之境的。元和十一年（公元816年）秋天，白居易游览庐山胜景，流连忘返，便在那里建造了一座草堂。草堂的规模很小，用料未经精雕细琢，其中的布置和陈设也异常简单：

　　　　堂中设木榻四，素屏二，漆琴一张，儒、道、佛书各三两卷。乐天既来为主，仰观山，俯听泉，旁睨竹树云石，自辰至酉，应接不暇。俄而物诱气随，外适内和。一宿体宁，再宿心恬，三宿后颓然嗒然，不知其然而然。[1]

　　木榻是可供坐卧的小矮床，素屏是未经图绘雕琢的屏风，漆琴也并非名贵的古董，而是当时流行的一种用桐木漆制而成的琴，至于儒、道、佛书，想必也是常见的吧！然而，就是这样简陋的居室、常见的陈设和并不古旧名贵的琴与书，却给白居易带来了审美的沉醉！这些人造物，被放置到了合适的自然空间中，从而营造出了一种人工与自然极为和谐的生活空间。白居易在草堂中仰可观远山翠微，俯可听涧底鸣泉，外有茂密的竹木花卉、造型奇绝的怪石，内有屏与榻、琴与书；屏可障避风日，榻则可坐可卧，琴可兴起而抚，书可意动而览……这是一种综合了自然风物和人文气息，并且强化到极致的闲适、舒畅的生活和审美空间，自然的律动和人文的气息扑面而来，令人应接不暇，人也自然就融合、沉醉在这空间里。"物诱气随"说的是自然（也就是"天"）对人的吸引，以及人对自然的顺随。可以说，这是人的生活空间的自然化，也是自然空间的人化，这就是"天人合一"的境界。

　　不过，"人心惟危，道心惟微"，"天人合一"的生活境界虽然美妙，但在天与人、道心与人心之间，毕竟横亘着深不见底的鸿沟，人心稍有不慎，闲情与闲赏稍涉现实欲望，人与天、人心与道心就会背道而驰，

---

[1] 白居易：《草堂记》，朱金域笺校：《白居易集笺校》第4册卷四三，上海古籍出版社1988年版，第2736页。

陷入万劫不复的深渊。对此，那些钟情于琴、棋、书、石的人感受尤其真切。比如，明代倾动士林、名满天下的陈眉公（名继儒）就说过：

> 予寡嗜，顾性独嗜法书名画，及三代秦汉彝器瑗璧之属，以为极乐国在是。然得之于目而贮之心，每或废寝食不去思，则又翻成清净苦海矣！[1]

本来，收藏和鉴赏古董书画是为了消磨时光，寻求清净和快乐，在世俗生活世界建立一个"极乐国"，但是"嗜古者见古人书画，如见家谱，岂更容落他人手"[2]？这可真就成了情欲物累，就像我们在"文房之美"章里说过的那样，李常嗜墨如命，拜访相知好友往往例行抄家；苏轼抢夺黄庭坚的古墨，还伤了二人的和气。对他人而言，不胜其烦；对自己而言，更常陷入求之不得、寝食难安的苦恼，可谓得了清净，却堕入苦海，这就是我们在后面将要讨论的"嗜癖"。"清净苦海"一语说得真是贴切！

那么，如何才能既得清净，又不至于堕入苦海呢？

---

[1] 陈继儒著，印晓峰点校：《妮古录·序》，华东师范大学出版社 2011 年版，第 1 页。
[2] 陈继儒著，印晓峰点校：《妮古录·序》，华东师范大学出版社 2011 年版，第 74 页。

"养眼"与"养心"：赏玩的层次与境界

  陈眉公的"清净苦海"之叹，说明单靠"净几明窗，一轴画，一囊琴，一只鹤，一瓯茶，一炉香，一部法帖；小园幽径，几丛花，几群鸟，几区亭，几拳石，几池水，几片闲云"[1]这些长物，或许能够填补心灵的空虚落寞，排遣了闲情闲愁，却不一定能保证从现实欲望中解脱出来，获得了无挂碍和羁绊的生命自由。这样说来，琴、棋、书、石未免也沦落为妨害人心的俗物了！

  好在古人对此已经有了深刻的体认，并在日常生活和赏玩活动过程中不断反省、思索，探索出了超越困境的方法和智慧，那就是与琴、棋、书、石保持一定的现实距离，克制内心从实际上占有它们的欲念和冲动，以纯然审美的、超脱世俗功利的眼光来赏玩其形式美感。这就是我们通常所说的"养眼"与"养心"。

  "养眼"是指通过赏玩获得视、听、味、嗅、触等感性层面的愉悦和放松，这是赏玩之美的发轫之始。宋代诗人苏舜钦（字子美）说："人生内有自得，外有所适，亦乐矣！何必高位厚禄，役人以自奉养，然后为乐？"[2]"自得"是指内在的舒畅、满足，"所适"则是能够提供这种满足、舒适的外部条件和环境。这种"内有自得，外有所适"的快乐，首先体现在感性的愉悦和满足上。说这话时，苏舜钦正处在人生最为晦暗的阶段：他因为支持范仲淹的新政，被政敌构陷，削职为民，流寓苏州；长姐死于京城，不能亲赴吊唁，只能在数千里外暗自伤神。好友韩

---

[1] 陈继儒著，罗立刚校注：《小窗幽记（外二种）》，上海古籍出版社 2010 年版，第 74 页。

[2] 苏舜钦著，沈文倬校点：《答韩持国书》，《苏舜钦集》卷十，上海古籍出版社 1981 年版，第 110 页。

维（字持国）写信责备他远离故土、隔绝亲友。他在回信中说：

> 此虽与兄弟亲戚相远，而伏腊稍充足，居室稍宽，又无终日应接奔走之苦，耳目清旷，不设机关以待人，心安闲而体舒放；三商而眠，高舂而起，静院明窗之下，罗列图史琴尊，以自愉悦；逾月不迹公门，有兴则泛小舟出盘阊二门，吟啸览古于江山之间。渚茶野酿，足以消忧；莼鲈稻蟹，足以适口。又多高僧隐君子，佛庙胜绝；家有园林，珍花奇石，曲池高台，鱼鸟留连，不觉日暮。[1]

也就是说，自己流寓苏州，虽然与亲友故旧相隔千里，但衣食和居住条件都还不错，又省去了奔走人事的疲惫。最令人流连忘返的是苏州安闲舒适的生活状态。耳目清净，心胸旷达，不用机关算尽去应付官场是非，日常起居随心所欲；闲暇无聊的时候，就把玩欣赏图史琴尊、珍花奇石，或荡舟出游，品茶饮酒……所谓"耳目清旷""心安闲而体舒放"，就是这种赏玩之美所带来的感性愉悦和满足吧！

为了"养眼"，文人雅士常常修筑园林、亭台，借此来抵御外部世界、人事纷扰的侵蚀。苏舜钦在苏州营造的沧浪亭，至今仍在，留待后人追忆他的闲适与旷达。而白居易也曾建造过多处园林、别墅，修葺完工后，常常得意扬扬地说："设如宅门外，有事吾不知！"[2]门外是熙熙攘攘、功名利禄；门内是闲情逸致、自得自适。这份闲适自得的生活空间，自然也并非一道门槛就能划定的，而是由琴、棋、书、石环绕点缀起来的。元代文人陈谟曾筑有"一蓬春雨轩"，在《一蓬春雨轩序》中说：

---

[1] 苏舜钦著，沈文倬校点：《答韩持国书》，《苏舜钦集》卷十，上海古籍出版社1981年版，第110页。

[2] 白居易：《春葺新居》，朱金城笺校：《白居易集笺校》第1册卷八，上海古籍出版社1988年版，第460页。

> 先生营是轩，杂莳花卉，左右图书，风晨月夕，茶烟香篆，奇古之玩好，绝俗之名流，日相与嬉娱其间。[1]

前面提到的陈眉公虽然为嗜古癖所困惑，常有"清净苦海"之叹，但他似乎也只是说说而已，并无触及灵魂的深刻反思，反倒常常炫耀他的"闲人闲事"：

> 清闲之人不可惰其四肢，又须以闲人做闲事：临古人帖，温昔年书，拂几微尘，洗砚宿墨；灌园中花，扫林中叶。觉体稍倦，放身匡床上，暂息半晌可也。[2]

这些"闲事"，全都无关乎饥寒、功利，而只是为了活泼身体的感觉，或观、或听、或嗅、或味、或触，动静随心，坐卧任意，实在是把身体和感官当作美的信号接收器，借着五官和身体充分体验世界的美感。金圣叹评点《西厢记》时，写过一篇冠绝古今的奇文，细数人生的三十三则"不亦快哉"，其中一则说：

> 春夜与诸豪士快饮至半醉，住本难住，进则难进。旁一解意童子忽送大纸炮可十余枚，便自起身出席，取火放之。硫磺之香自鼻入脑，通身怡然，不亦快哉！[3]

就像是林语堂在《生活的艺术》里面所说的，我们的精神和感官是复杂地纠结在一起的，"精神的欢乐"也只有通过"身体上的感觉"才能够成为真正的欢乐！[4]金圣叹对硫磺之香"自鼻入脑"，进而"通身怡然"之感受描绘，让我们真切地体验到了"身体上的感觉"引发的

---

[1] 李修生主编：《全元文》第 47 册卷一四四六，凤凰出版社 2004 年版，第 134 页。

[2] 陈继儒著，罗立刚校注：《小窗幽记》，上海古籍出版社 2010 年版，第 73 页。

[3] 艾舒仁编，冉苒校点：《金圣叹文集》，巴蜀书社 1997 年版，第 387 页。

[4] 林语堂著，越裔译：《生活的艺术》，群言出版社 2009 年版，第 94 页。

"精神上的欢乐"。

"精神上的欢乐"，就是"心"的欢乐。从身体到精神，也就是从"养眼"到"养心"，这是赏玩之美的较高层次。赏玩之美之所以能够保持与世俗欲念的距离，也全然在于古人在赏玩活动中保持着一种"养心"的自觉，有意识地将琴、棋、书、石之美形式化、抽象化和精神化。这种形式化、抽象化和精神化的结果，就是在具体赏玩对象的物质形式之上，开辟出一种超越了古今、远近、人我界限的艺术生活境界。

我们都熟知"高山流水"的典故。《吕氏春秋·本味》中记载，伯牙擅鼓琴，钟子期则精于鉴赏音乐。伯牙用琴声渲染泰山的雄壮时，子期听后就赞叹道："善哉乎鼓琴，巍巍乎若太（泰）山！"片刻之后，伯牙又用琴声表现流水的浩瀚，子期又赞赏说："善哉乎鼓琴，汤汤乎若流水！"[1]子期之所以精鉴如此，成为伯牙的"知音"，一方面固然因为他天赋中对音乐的敏感，另一方面更在于古人在琴艺，也就是鼓琴的技术层面之上，形成了一种有关情感表现、形象塑造和意境营造的共识，这就是"琴德"。"高山流水"的琴音，就是"琴德"的具体呈现，伯牙和子期都具有高尚的"琴德"，故而心意相通，成为"知音"。

那么，什么是"琴德"呢？唐代著名的道士司马承祯在《素琴传》中说：

> 孔子穷于陈、蔡之间，七日不火食，而弦歌不辍；原宪居环堵之室，蓬户瓮牖，褐塞匡坐而弦歌。此君子以琴德而安命也。许由高尚让王，弹琴箕山；荣启期鹿裘带索，携琴而歌。此隐士以琴德而兴逸也……是知琴之为器，德在其中矣。[2]

[1] 许维遹撰，梁运华整理：《吕氏春秋集释》卷一四，中华书局2009年版，第312页。

[2] 董浩等编：《全唐文》第6册卷九二四，山西教育出版社2002年版，第5687页。

孔子厄陈蔡、原宪居陋巷，是儒家传统圣贤之安贫乐道、不以穷通显达为意的理想人格的象征；而许由、荣启期则代表了道家不慕荣利、自然无为的人格理想。在古人看来，儒家的圣人、道家的至人理想，都是借"弦歌"也就是鼓琴而展现出来的。因此，他们也就认为，或急或徐、或高亢或低沉、或悠扬或短促的琴声中，实际上回荡着鼓琴者的人格和道德境界。人格和道德境界越纯粹、高尚，琴德也就越超迈，就像《史记》里面所记载的那样，"舜弹五弦之琴，歌《南风》之诗而天下治"[1]。舜不用刑罚律令，而是以琴声、歌诗教化万民，竟然可以天下大治，这当然是不可想象的，但在古人心中，却对"琴德"及其人格培养、道德教化作用有绝对坚定的信念。

也正因此，古人把抚琴作为"养心"最重要的途径之一。东汉学者应劭就说，琴虽然只是一种乐器，但对君子来说，"琴最亲密，不离于身"，即使身居穷阎陋巷、深山幽谷，也不能丢弃。[2] 在他们看来，心是"道"而琴是"器"，抚琴、听琴的过程，也就是由"器"入"道"的修炼过程，正直勇毅的人抚琴、听琴可以更加坚毅，忠贞孝悌的人抚琴、听琴可以更加坚贞，贫穷孤苦的人抚琴、听琴能够排遣悲苦，就连那些生性浮躁、偏邪的人，都可以通过抚琴、听琴变得沉静、庄重。[3] 手指撩拨、抚动琴弦，竟有如此功效！这就不难理解，为何白居易策划搬到庐山草堂时，抛弃一切，也不愿意落下琴了。

在中国历史上，以琴"养心"最著名的要数嵇康。嵇康有一篇《琴赋》，他在正文前的小序中说：

> 余少好音声，长而玩之，以为物有盛衰，而此无变，滋味有厌，而此不倦。可以导养神气，宣和情志，处穷独而不

[1] 司马迁：《史记·乐书》第4册，中华书局1963年版，第1235页。
[2] 应劭著，王利器校注：《风俗通义校注》卷六，中华书局1981年版，第293页。
[3] 薛易简：《琴诀》，蔡仲德：《中国音乐美学史资料注译》，人民音乐出版社1990年版，第465页。

焦秉贞《孔子圣迹图·在陈绝粮》清代 现藏于美国圣路易斯美术馆

闷者，莫近于音声也。[1]

嵇康自幼喜好琴音，长大后又时时调弄、赏玩。这种爱好并不因时间的流逝而消退，反而愈演愈烈。究其原因，大概就在于鼓琴可以抒发积郁、调气养心，使人在穷困、孤独、苦闷的时候依旧能够气定神闲、怡然自适，达到不以物喜、不以己悲的自由、超然境地。

嵇康的超然，大概可以从其临终弹奏《广陵散》窥见一斑。据《晋书》的记载，嵇康为人洒脱不羁，"越名教而任自然"，从不拘泥于虚伪的礼教，遭到当权者的嫉恨，被处以极刑，三千太学生为他求情，终不许。临刑前：

康顾视日影，索琴弹之，曰："昔袁孝尼尝从吾学《广陵散》，吾每靳固之。《广陵散》于今绝矣！"时年四十，海内

---

[1] 嵇康撰，戴明扬注：《嵇康集校注》卷二，人民文学出版社 1962 年版，第 83 页。

之士莫不痛之。[1]

对于嵇康而言，行刑东市或许并不足以令其动容。他所惋惜的唯有《广陵散》没有了传人，成为绝唱。嵇康在琴声的涵养中已经达到了泯灭生死、齐同万物的至人境界，在他看来，生与死只不过是天地自然运行的结果。生是生命从混沌不息的大化中结晶、赋形，而死则是重新返回自然的怀抱。

从琴到琴音，再到琴德，赏琴、玩琴所获得的美感，也逐步从具体的、感官的快乐，上升到普遍的、自由的生命境界，这是一个从"养眼"到"养心"的延续，也是赏玩之美从具体到普遍、从情感到精神的飞跃。唐宝历元年（公元 825 年），白居易在苏州刺史任上，游览了郡治城内的一处园林，写下一首《郡中西园》诗：

> 闲园多芳草，春夏香靡靡。深树足佳禽，旦暮鸣不已。院门闭松竹，庭径穿兰芷。爱彼池上桥，独来聊徙倚。鱼依藻长乐，鸥见人暂起。有时舟随风，尽日莲照水。谁知郡府内，景物闲如此。始悟喧静缘，何尝系远迩。[2]

喜欢到山野修筑园林、别墅以寻求宁静和闲适的白居易万万想不到，在喧嚣的城内竟然隐藏着一处生机盎然、情趣无限的幽静之所。他进而说道："谁知郡府内，景物闲如此。始悟喧静缘，何尝系远迩。"这是针对自己以往对闹与静、近与远的误解而发出的，同样，对于那些把认为"养眼"无关乎"养心"，"养心"必须闭上眼睛的人而言，又何尝不是如此呢？

---

[1] 房玄龄等：《晋书》第 5 册卷四九，中华书局 1974 年版，第 1374 页。
[2] 白居易著，朱金城笺校：《白居易集笺校》第 3 册卷二一，上海古籍出版社 1988 年版，第 1402 页。

"一赏而足"：赏玩之美与人生境界

明清之际的生活美学家李渔在《闲情偶寄》中说过一句发人深省的话，恰可作为对赏玩之美的绝佳概括：

> 眼界关于心境，人欲活泼其心，先宜活泼其眼！

"活泼其心"的目的，也就是追求一种有智慧、有毅力摆脱物欲情景，达到心无所系的自由境界——这里所说的"自由"，并不是随心所欲、为所欲为，而是指冲破了欲望束缚、心无挂碍的人生境界。

有"奇石癖"的欧阳修就是这样一位超世拔俗的高人。唐宋时期，赏玩奇石蔚然成风，许多知名人士如李德裕、牛僧孺、白居易、柳宗元、苏轼、米芾、黄庭坚、陆游等都沉迷于收集、欣赏奇石，留下了大量吟咏奇石之美的诗文。其中最著名的"石癖"患者当属牛僧孺。

牛僧孺是晚唐著名的政治斗争"牛李党争"中"牛党"的领袖人物，曾在唐穆宗、唐文宗在位期间担任宰相。据说他为官廉洁，两袖清风，"治家无珍产，奉身无长物"，唯独对奇巧瑰怪、意趣天成的太湖石情有独钟。恰好他的门生故吏遍布太湖流域，常常挖空心思奉送各种奇石来讨好他。这就是典型的投其所好了。本来，赏玩奇石本身只是个人趣味，无足轻重，但若想到庞大、笨重的太湖石的开采、运送过程，不知要靡费多少人力、物力，再加上僚属们奉送礼物，又是各有所图，牛僧孺的"石癖"显然就得另作评判了。

白居易说那些石头是造物的奇观，"自一成不变以来，不知几千万年，或委海隅，或沦湖底，高者仅数仞，重者殆千钧，一旦不鞭而来，无胫而至，争奇骋怪，为公眼中之物"[1]。太湖石"不鞭而来，

---

[1] 白居易：《太湖石记》，朱金城笺校：《白居易集笺校》第 6 册外集卷下，上海古籍出版社 1988 年版，第 3937 页。

王一亭、吴昌硕《米芾拜石图》近现代 私人收藏

无胫而至"，不正是巧妙的挖苦吗？牛僧孺一世的清廉美誉，就这样毁于"石癖"！

有了牛僧孺的前车之鉴，后来者自然要慎重行事。欧阳修对待"石癖"和奇石的态度，尤为值得称道。庆历年间，欧阳修贬官滁州（今安徽滁州），在菱溪发现了一块体积庞大、造型怪异的奇石。穷乡僻壤居然有此奇石，欧阳修自然不会错过。不过，经他仔细勘察，原来溪边还有一处遗址，是唐末五代名将刘金的故园遗址，而这块奇石，就是刘氏园中之物。刘金是五代吴国奠基者杨行密部下的一员骁将，号称"三十六英雄"之一，生前不可一世，死后故园颓圮，只留下这一块奇石供人凭吊。专门建造园林存放奇石的牛僧孺，死后又何尝不是藏品四散呢？想到这里，欧阳修感慨颇深：

> 夫物之奇者，弃没于幽远则可惜，置之耳目，则爱者不免取之而去……好奇之士闻此石者，可以一赏而足，何必取

而去也哉？[1]

正所谓"君子之泽，五世而斩"。刘金如此、牛僧孺如此，扪心自问，欧阳修又何尝能例外？因此，与其将奇石攫为己有，占为私产，还不如公之于众，让世人都能欣赏到它的奇异之美。

这就是欧阳修的赏玩境界，更是他的生活态度和人生选择所能达到的崇高境界。毫不夸张地说，"一赏而足"堪称中国文化史上振聋发聩的空谷足音。"一赏而足"，既承认感性世界的美好，不错过生活、人生和世界的每个精彩的片刻，又能挣脱感官欲求的羁绊，进入悠游自在、心无所系的自由之境。

这种审美的生活态度和人生取向，是中国赏玩美学传统留给当下最富启发的智慧。在如今这个日常生活高度审美化、艺术化了的时代，悦耳悦目之物声色各异、名目繁多，日新月异地以几何倍数增长。如果我们在五光十色、目不暇接的物的世界中，没有一种"一赏而足"的审美态度，又如何能从物的包围中挣扎而出，体验到真正的自由呢？

文徵明《蕉石鸣琴图》明代 现藏于无锡博物院

---

[1] 欧阳修：《菱溪石记》，李逸安点校：《欧阳修全集》，中华书局 2001 年版，第 579 页。

第七章

从『花道茶艺』到『居家之美』

与善人居，如入芝兰之室，久而不闻其香，即与之化矣。

——《孔子家语·六本》

寒夜客来茶当酒，竹炉汤沸火初红。寻常一样窗前月，才有梅花便不同。

——杜耒《寒夜》

不是闲人闲不得，闲人不是等闲人。

——陈继儒《偃曝谈余》

丈夫插瓶花?

1643 年中秋节之夜，大明王朝岌岌可危，已是倾覆的前夕，大诗人钱谦益却与柳如是对坐灯下，陪她插瓶花，并不时发表些品评议论：

水仙秋菊并幽姿，插向磁瓶两三枝。低亚小窗灯影畔，玉人病起薄寒时。

浅淡疏花向背深，插来重折自沉吟。剧怜素手端相处，人与花枝两不禁。

懒将没骨貌花丛，渲染由来惜太工。会得远山浓淡思，数枝落墨胆瓶中。

几朵寒花意自闲，一枝丛杂已斓斑。凭君欲访瓶花谱，只在疏灯素壁间。[1]

从这几首绝句中，我们大概能读出钱、柳二人插瓶花的技艺与风格。花的种类不多，只取时鲜的水仙、菊花两种，数量也只有两三枝，取其疏朗、简约的清幽淡雅之美。插花时不尚秾艳，第三首所说的"懒将没骨貌花丛"即是如此。"没骨法"是传统中国画技法的一种，讲究不用线条勾勒形貌，而只是依赖于墨色浓淡、颜色深浅来层层晕染。"懒将"一语说明钱谦益对这种晕染繁复、色泽明丽的艺术风格并不感冒，他所追求的是"远山浓淡思"，也就是萧散淡远的审美效果。最后一首诗说明，他对二人的成果颇为自矜，认为即使拿来《瓶花谱》相比照，也不过如此。

读到此处，相信许多人会大惑不解，乃至愤怒不已。愤怒的是国

---

[1] 钱谦益著，钱仲联标校：《灯下看内人插瓶花戏题四绝句》，《牧斋初学集》上册，上海古籍出版社 1985 年版，第 732 页。

家存亡的危机之秋，一代文宗、士林领袖钱谦益竟然无动于衷，依然沉醉在缱绻缠绵的儿女私情中；困惑的是即便钱谦益不恤国计民生，专注于享受闲适生活，也应该是琴棋书画、茶酒泉石，而不是大丈夫作小儿女态，摆弄纤仄便娟的插花游戏吧？

这实在是委屈了钱牧斋，我们有必要为他做些辩护。

首先，明王朝之所以岌岌可危，全然是由于它自身已经腐朽、衰败到了不堪一击的地步，不管是内部的农民军揭竿而起，还是关外的铁骑虎视眈眈，明朝大厦将倾都是大势所趋。这一点，熟悉历史的人自然都了解，无须赘言，因此没有必要挥舞着道德的大棒，要求钱谦益为气数已尽的明朝殉葬。

其次，大丈夫作儿女态、插瓶花，在古代实属司空见惯。在传统时代，文人士大夫才是花艺、花道的主力军。且不说古典文学中难以计数的以吟咏、描绘瓶花和插花为主题的诗文，单就传世的瓶花类著作来说，也全部都是文人士大夫的作品，著名的有五代时期张翊的《花经》、宋代林洪的《山家清事》、明代张德谦的《瓶花谱》、袁宏道的《瓶史》、屠本畯的《瓶史月表》，以及高濂的《遵生八笺》、文震亨的《长物志》、屠隆的《考槃余事》、李渔的《闲情偶寄》等生活美学著述中有关瓶花的部分内容等。

比起来高濂、张德谦、袁宏道、屠隆、李渔等大约同时代的人，钱谦益的插花技艺或许还不入流，他不过是明代瓶花风气和时尚中的一个追随者而已，连谈花道的专门著述都没有，只能算作"门外汉"。

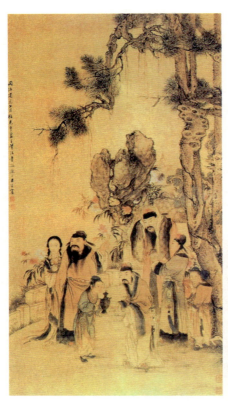

钱慧安《簪花图》清代
现藏于台北故宫博物院

苏六朋《簪花图》 清代
现藏于台北故宫博物院

人不可一日无茶？

中国文人士大夫阶层的饮茶之风起源甚早，茶艺、茶道也向来被看成是有闲、有钱之人的专利，鲁迅先生就在一篇文章中说过：

> 有好茶喝，会喝好茶，是一种"清福"。不过要享这"清福"，首先就须有工夫，其次是练习出来的特别的感觉。[1]

不错，茶的香气之浓淡、色泽之深浅、味道之甘苦，以及泡茶所用之水的优劣……这些细微的差别，只有感觉细腻、敏锐的人才能体验得到，这就是鲁迅所说的"工夫"。此种工夫，只有生活优裕、闲适恬静的人才能训练出来。

到了元代，"早起开门七件事，柴米油盐酱醋茶"[2]就成了人们对日常生活所需的基本概括了。在八百年前，普通中国人的日常生活已经离不开茶了。如果再加以追索，这一时间似乎至少还可以上溯二百年。如北宋名臣王安石就说过：

> 人固不可一日无茶饮。
> 夫茶之为民用，等于米盐，不可一日以无。[3]

为何人不可一日无茶？这自然要从茶的疗疾、养生和保健功能说起。

---

[1] 鲁迅：《喝茶》，《鲁迅全集》第五卷，人民文学出版社 1972 年版，第 357 页。

[2] 高增德等辑：《古今俗语集成》（第四卷），山西教育出版社 1989 年版，第 97—98 页。

[3] 王泽农主编：《万病仙药 茶疗方剂》，科学技术文献出版社 1994 年版，第 36—37 页。

从汉代开始，中国人已经发现了茶的特殊药用功效，如东汉华佗的《食论》、晋代张华的《博物志》、弘君举的《食檄》等著作中，均记载过茶之药用和养生作用。随着饮茶风气的盛行，茶的功能也逐渐被进一步发掘出来，到了明代，李时珍在《本草纲目》中对茶的功效进行了集大成式的概括：降火祛暑、提神破困、解酒食毒、祛痰利尿等。[1] 茶既有如此功效，自然会不胫而走、无翼而飞，成为天下人杯中常饮之物。

在有些时候，人们对茶的自然功效并不了解，饮茶只是随波逐流，趋步社会流行的生活风尚而已。比如唐代人封演的《封氏见闻记》中谈到唐代开始盛行于大众消费层面的饮茶之风时说：

> 茶早采者为茶，晚采者为茗……南人好饮之，北人初不多饮。开元中，泰山灵岩寺有降魔师，大兴禅教，学禅务于不寐，又不夕食，皆许其饮茶。人自怀挟，到处煮饮，以此转相仿效，遂成风俗。自邹、齐、沧、隶渐至京邑，城市多开店铺，煎茶卖之，不问道俗，投钱取饮。[2]

这是有关茶馆的最早记载。普通民众中最先开始饮茶的，是那些禅教的信众，他们认为饮茶可以破困充饥，所以自备茶叶到泰山一带修行。但大多数人并不是禅教的信徒，也不了解茶可以"止渴、令人不眠"，只是看到他人饮茶，就随声附和、亦步亦趋，由此"转相效仿"，竟然掀起了盛行千年而不衰的饮茶风俗，商人觉得有利可图，就开设了茶铺、茶馆。

因此，中国人"不可一日无茶"的生活方式的养成，虽然不能说是阴差阳错，却也在很大程度上借助了历史偶然性的力量。《本草纲目》中的一些说法，也能印证这一点。李时珍在列举了茶的诸多功效之后又

---

[1] 李时珍著，刘衡如、刘山永校注：《本草纲目》（下册）卷三二，华夏出版社2008年版，第 1256—1257 页。

[2] 赵贞信：《封氏见闻记校注》卷六，中华书局 1958 年版，第 46 页。

说，茶是苦寒之物，体质虚寒、血气较弱的人喝了，就会伤及脾胃，元气亏损，患上痰饮、痞胀、痿痹、黄瘦、呕逆、洞泻、腹痛、疝瘕等病症，这种种"内伤"，就是"茶之害"。可惜老百姓并不懂得，只知人饮亦饮。他由此感叹说：

> 民生日用，蹈其弊者，往往皆是……习俗移人，自不觉尔。[1]

这样看来，鲁迅先生说的"会喝茶，喝好茶"的"清福"，并不是人人都适合享受的。"人不可一日无茶"的生活观念和生活方式，既奠定在茶的特殊功效的基础上，又是在社会、文化、美学等诸多观念影响下历史地、动态地形成的。

---

[1] 李时珍著，刘衡如、刘山永校注：《本草纲目》（下册）卷三二，华夏出版社2008年版，第1256页。

赏花：湍飞的生活热情

花与茶在为中国人提供形、色、香、味等感性的审美感受的同时，还积淀了历代中国人的生活情趣和理想。正所谓"茶令人爽""花令人韵"[1]，"闲停茶碗从容语，醉把花枝取次吟"[2]的闲雅、恬淡之境，也成为中国人心向往之的理想生活状态。就此而言，赏花、品茶不单单是一种审美的生活情趣之寄托和表达，更开启了一种整体性的艺术化、审美化的日常生活的可能性。

这一可能性的端倪，大概可以追溯到传说中的三皇五帝时代。

20 世纪以来相继发现的新石器时代文化遗址中出土了大量的陶器，其中有许多器皿的表面都绘制或雕刻着花瓣的纹样。某些遗址中，还有花木的种子出土。这说明我们的祖先在数千年前，就已开始利用花木来装饰自己的生活。

到了《诗经》和《楚辞》时代，先民对花的了解和欣赏进入了一个境界。《礼记·月令》中说，"孟春之月，东风解冻，蛰虫始振，鱼上冰，獭祭鱼，鸿雁来"，好一派盎然生机！在古人看来，这个月"天气下降，地气上腾，天地和同，草木萌动"。这里说的"草木"，就包括自然生长和人工培育的花草。到了"仲春之月，始雨水，桃始华（花），仓庚鸣"，寥寥数语，勾勒出一幅鸟语花香的春景……从《礼记·月令》凝练而富有诗意的描绘可知，在先秦时期，人们对花的欣赏，与他们对于自然、宇宙的理解是相统一的，草木之"华"，也就是明艳、妩媚的

---

[1] 陈继儒著，罗立刚校注：《小窗幽记（外二种）》，上海古籍出版社 2010 年版，第 101 页。

[2] 白居易：《病假中庞少尹携鱼酒相过》，朱金城笺校：《白居易集笺校》第 4 册卷二六，上海古籍出版社 1988 年版，第 1814 页。

花儿既能带来感官的愉悦，又是物候和时令的风信。人们从花那里体验美感，感受自然的魅力，也以花为天道循环的征兆，从花的荣枯盛衰中感悟和顺从宇宙的真理，依此安排自己的生产和生活。

于是，花自然也就成了人类灵感的触媒。《诗经》中有许多以草木"起兴"的诗篇。所谓"起兴"，就是情感和思绪由观花而荡漾开去，联想、延伸到日常生活和社会实践的各个方面。比如《周南·桃夭》里面说道：

> 桃之夭夭，灼灼其华。之子于归，宜其室家。[1]

《小雅·苕之华》中说：

> 苕（引者注：凌霄）之华，芸其黄矣！心之忧矣，维其伤矣！[2]

这两首诗都是用花起兴，一喜一悲。《桃夭》是用春日粉嫩娇艳的桃花来比拟即将出嫁的新娘子，洋溢着喜悦与欢快，以及对美好生活的向往；《苕之华》显然是由秋日凌霄花的黄萎，联想到自身不幸的身世，忧从中来，不可断绝。《诗经》中写到的草木多达143种[3]，其中最动人的，就是这些观春秋代序、赏一花一木来吟唱生活体验的绝唱了。

《诗经》是由后人搜集、编订的，可以看成整个时代、社会的集体审美意识的结晶。而《楚辞》则是中国文人诗歌的渊薮，从它对花草的吟咏更能看出此时上层社会观花、赏花的动向：鲜花、芳草在《楚辞》中已经成为独立的审美对象，并被赋予了积极的道德内涵。根据宋代人

---

[1] 高亨：《诗经今注》，上海古籍出版社1980年版，第8页。

[2] 高亨：《诗经今注》，上海古籍出版社1980年版，第366页。

[3] 孙作云：《〈诗经〉中的动植物》，《孙作云文集·〈诗经〉研究》，河南大学出版社2003年版，第7页。

的统计，仅屈原的《离骚》一篇中，吟诵过的花草多达 55 种，较为常见的有芙蓉、菊、兰、杜若、荼、芷、桂、辛夷、木兰等。[1] 如其中集中吟咏花草的一段说：

> 余既滋兰之九畹兮，又树蕙之百亩。畦留夷与揭车兮，杂杜衡与芳芷。冀枝叶之峻茂兮，愿俟时乎吾将刈。虽萎绝其亦何伤兮，哀众芳之芜秽。[2]

屈原说过，"昔三后之纯粹兮，固众芳之所在"，"三后"说的是大禹、商汤、周文王，他们都有纯美的道德境界，周围聚集了大量的人才，诗句中所说的"众芳"，也就是指品行贤德的人才。[3] 所以，这一段讲述种植花草的经历，实际上暗喻自身抚育人才的艰辛。以花草比喻君子，是花草的道德化和人格化；反过来说，也是道德和人格的自然化：最高的道德和人格境界，不就应该是芬芳至美的吗？就像是《孔子家语》中所说的那样：

> 芝兰生于深林，不以无人而不芳；君子修道立德，不谓困穷而改节。[4]

由此，赏花活动被赋予了积极的道德内涵，欣赏的过程，也就伴随着道德修持的提升。千载而下，但凡对中国诗歌史稍有涉猎的人，在赏花、咏花的同时，都会不由自主地联想到《诗经》《楚辞》赋予花草的人文精神内涵。

秦汉以后，花草所象征的理想、人文精神逐渐世俗化、生活化，人们在日常生活中越来越普遍的种花、养花、赏花，借花来装点日常起

---

[1] 吴仁杰：《离骚草木疏》，《丛书集成》本，商务印书馆 1939 年版。

[2] 洪兴祖著，白化文等点校：《楚辞补注》，中华书局 1963 年版，第 10 页。

[3] 洪兴祖著，白化文等点校：《楚辞补注》，中华书局 1963 年版，第 7 页。

[4] 陈士珂辑：《孔子家语疏证》卷五，上海书店 1987 年影印本，第 135 页。

居、保养生命。司马相如的《上林赋》《子虚赋》和班固的《两都赋》，以及《三辅黄图》《西京杂记》等文学作品和历史文献表明，汉代人对花草投入了巨大的热情，在长安、洛阳等地星罗棋布的园林广厦中，种植着名目繁多的奇花异草，春荣秋谢、四时代兴。人们或是穿行在似锦的繁花中游宴，或是折取时鲜的花朵放在居室中、佩在身上，那景象，正是：

> 绿房翠蒂，紫饰红敷。黄螺圆出，垂蕤舒散。缨以金牙，点以素珠。[1]

正所谓"花开富贵"，在太平、繁庶、气象宏大的汉文化背景下，人们对于生活的热情如同泉涌井喷，就在这姹紫嫣红的花饰中淋漓尽致地挥洒出来。

对花的热情，展现了中国人对于凡俗人生、日常生活的积极、乐观的信念。人们不仅取花的美艳来装点生活起居，营造芬芳袭人的生活情境，还试图开掘花的养生、保健功能，以花入药、入食、入酒。如《西京杂记》说：

> 九月九日，佩茱萸、食蓬饵、饮菊花酒，令人长寿。菊花舒时，并采茎叶，杂黍米酿之，至来年九月九日始熟，就饮焉，故谓之"菊花酒"。[2]

虽然长寿甚至羽化登仙的梦想不断被证明是子虚乌有的，但这种生活行为，客观上使得中国人的生活内容变得更加丰富多彩，给枯寂的人生、平淡的生活增添了无限的乐趣。明代人王象晋在《群芳谱》中的总结，堪称醒世恒言：

---

[1] 张奂：《芙蕖赋》，费振刚等辑校：《全汉赋》，北京大学出版社 1997 年版，第526 页。
[2] 葛洪：《西京杂记》卷三，中华书局 1985 年版，第 20 页。

予性喜种植，斗室傍罗盆草数事，瓦钵内蓄文鱼数头，薄田百亩，足供餰粥。郭门外有园一区，题以涉趣，中为亭，颜以二如，杂艺蔬茹数十色，树松竹枣杏数十株。植杂草野花数十器，种不必奇异，第取其生意郁勃，可觇化机……每花明柳媚，日丽风和，携斗酒，摘畦蔬，偕一二老友，话十余年前陈事。醉则偃仰于花茵莎榻浅红浓绿间，听松涛，酬鸟语，一切升沉宠辱，直付之花开花落。[1]

从这段描述来看，"二如亭"就是一个由花木装点起来的人间仙境！在这里，观花开花落，可以由美启真，达到对宇宙大化的理解；花木果实，可以提供美味；培植、浇灌花草，可以发挥人本身的创造性；把养花、种花的经验与已有的农书、花史相参照，还可以增添知识。尤为重要的是，这是一个虽在尘世之中，却又与世俗隔绝的、封闭的生活情境和审美空间，醉醒随心、仰卧任意，实在是自由自在！

"一花一世界"，花就是浓缩、提纯后的生活理想。进入唐宋以后，直至明清，中国人对花的热爱达到了无以复加的狂热地步。据说唐代，"长安百花时，风景宜轻薄。无人不沽酒，何处不闻乐。"[2]这是何等盛大、繁华的人文景观！每到春日迟迟之际，满城士女"乘车跨马，供帐于园圃，或郊野中，为探春之宴"[3]曾目睹这一盛大奇观的诗人苏颋、杨巨源分别用诗句对此进行过概括：

飞埃结红雾，游盖飘清云。[4]

[1] 王象晋辑纂，伊钦恒诠释：《群芳谱诠释（增补订正）》，农业出版社1985年版，第1页。

[2] 刘禹锡：《百花行》，瞿蜕园笺证：《刘禹锡集笺证》卷二七，上海古籍出版社1989年版，第847页。

[3] 王仁裕：《开元天宝遗事》卷下，《丛书集成》本，商务印书馆1939年版，第28页。

[4] 王仁裕：《开元天宝遗事》卷下，《丛书集成》本，商务印书馆1939年版，第20页。

若待上林花似锦，出门俱是看花人。[1]

　　这空前的赏花热情，滋润出洋洋大观的花文化。花的喧闹、绚丽、明艳之美，折射出传统中国人生活观念和理想中"动"的一面，也就是充满对美好生活的渴望和憧憬，不断开拓自身的审美情趣、生活品位，充分发挥创造性、想象力的一面。

吴昌硕 《岁朝清供图》 近代 现藏于故宫博物院

[1] 杨巨源：《城东早春》，《全唐诗》（上册）卷三三三，上海古籍出版社 2006 年影印版，第 823 页。

品茶：返璞归真的生活理想

茶的沉静、朴素、平淡，则呈现出中国人"静"的另一面，那就是不事雕琢、洗去铅华、返璞归真的生活理想。茶性苦寒，利于清热降火。古人饮茶，多是为了清心、除烦，使思虑和心神归于雅静玄远。如文震亨《长物志》说：

> 香、茗之用，其利最溥。物外高隐，坐语道德，可以清心悦神。初阳薄暝，兴味萧骚，可以畅怀舒啸。晴窗揭帖，挥塵闲吟，篝灯夜读，可以远辟睡魔。青衣红袖，密语谈私，可以助情热意。坐雨闭窗，饭余散步，可以遣寂除烦。醉筵醒客，夜语蓬窗，长啸空楼，冰弦戛指，可以佐欢解渴。[1]

这段文字中的"外""隐""清""萧""畅""舒""闲""远""私"等字样，是古人饮茶、品茶、论茶最常用到的。一种清幽玄远、雅静恬淡的生活旨趣，与"微寒无毒"的茶相得益彰，揭示出了传统中国人物与心、日常生活与人生境界的秘响旁通，构成了"人不可一日无茶"的生活观念和方式的最终追求。

人没有了茶，照样可以生存。但"人不可一日无茶"，茶这种生活的非必需品却转换成了必需品。按照古人的说法，最先发现茶的是神农氏。清人陈元龙编纂的《格致镜原》引述了《本草》中的一段话：

> 神农尝百草，一日而遇七十毒，得茶以解之。[2]

---

[1] 陈植校注，杨超伯校订：《长物志校注》，江苏科学技术出版社1984年版，第394页。

[2] 陈元龙：《格致镜原》卷二一，《影印文渊阁四库全书》第1031册，台湾商务印书馆1983年版，第284页。

原来，茶的价值之发现，竟是如此偶然！陈元龙接着说："今人服药不饮茶，恐解药也。"直到今天，我们仍然延续着服药后不喝茶的做法。先民最先了解到的，就是茶的"解毒"功能。茶在最初，即被当成一种具有药用和养生保健功能的食物。相传神农氏曾作《食经》，其中就有"茶茗宜久服，令人有力，悦志"的说法。[1] 早在西周时代，中国人就开始人工种植茶树，以供上层贵族日常服食了。《诗经·豳风》的《七月》和《鸱鸮》两篇中，就有采茶的描述："采荼薪樗""予所捋荼"。[2] 根据《尔雅》和后人解释，"荼"就是茶，它的叶子"可炙作羹饮"[3]——"羹饮"也就是粥。用茶煮粥，自然和后来的饮茶大不相同。

古书中甚至有以茶为菜的记载，《茶经》中提到的晏婴就是一位。晏子在齐国为相，生活简朴，饮食无肉，常吃"茗菜"[4]，"茗菜"就是茶。拿苦茶当菜，恐怕并非出于简朴，而是有另外的目的。古人认为茶"令人有力，悦志"，到了后来，以讹传讹，就出现了"苦茶，久食羽化""茗茶，轻身换骨"的说法，成功的例子有道教仙人丹丘子、黄山君等。[5]

魏晋以后，有关茶的神异功效的传说渐次消歇，中国人对茶的态度由动而静，不再追求外在的生命时空经验的拓展，而是转向内在生命体验的调适。与此同时，服食茶的方式，也由煮粥、食菜变为用水烹煮，这堪称中国茶文化史上的一大转折。晋代杜育的《荈赋》中说：

> 灵山惟岳，奇产所钟……厥生荈草，弥谷被岗。承丰壤

[1] 李昉等：《太平御览》第 4 册卷八六七，中华书局 1960 年影印版，第 3844 页。

[2] 高亨：《诗经今注》，上海古籍出版社 1980 年版，第 207 页。

[3] 郭璞注：《尔雅注疏》，《十三经注疏》下册，上海古籍出版社 2007 年影印版，第 2638 页。

[4] 陈元龙：《格致镜原》卷二一，《影印文渊阁四库全书》第 1031 册，台湾商务印书馆 1983 年版，第 283 页。

[5] 李昉等：《太平御览》第 4 册卷八六七，中华书局 1960 年影印版，第 3844 页。

之滋润，受甘露之霄降。月惟初秋，农功少休。偶结同旅，是采是求。水则岷方之注，挹彼清流。器择陶简，出自东隅。酌之以匏，取式公刘。惟兹初成，沫沉华浮。焕如积雪，晔若春敷。……[1]

"荈"是茶的别称，为古时候蜀地的方言。这篇赋说在饶有灵气的大山中，生长着漫山遍野的茶树。它们吸收了天地精华，长势喜人。秋收后，作者和一二趣味相投的人，结伴到深山采茶，用陶器从清澈的岷江中取水，烹煮茶叶。新鲜的茶汤"沫沉华浮"，色如积雪、光如春日，实在美不胜收！此时人烹茶、饮茶，已经开始欣赏和品味茶本身能带给人的感官享受和审美体验了。大约同时的张载，写过一首《登成都楼诗》，也对蜀地所产的茶大加赞赏。他说：

芳茶冠六清，溢味播九区。人生苟安乐，兹土聊可娱。[2]

"六清"是古人常常饮用的六种饮品，如水、浆、甜酒等。张载认为茶的滋味远胜于"六清"。特别值得留意的是后两句"人生苟安乐，兹土聊可娱"，也就是说，这里的生活如此美好，我权且留在此地享受人生之安乐吧！先前人对饮茶抱有的那种羽化登仙的期待，在此时已经烟消云散了。人们转而借饮茶、品茶来清心寡欲，追求恬淡、平和的日常生活体验。西晋文学家刘琨在一封家书中对侄子说，前些天有人给他安州干茶一斤，他希望侄子能再给弄点儿：

吾体中溃闷，时仰真茶。[3]

这说明人们开始理性地发挥和利用茶的真正价值了。茶能祛火、

---

[1] 杜育：《荈赋》，胡山源编：《古今茶事》，上海书店 1985 年影印版，第 149 页。
[2] 胡山源：《古今茶事》，上海书店 1985 年影印版，第 149 页。
[3] 李昉等：《太平御览》卷八六七，中华书局 1960 年影印版，第 2844 页。

降燥、提神、明目，对于雅好清谈的魏晋士人来说不啻一剂良药。据说东晋名士王濛好饮茶，还常以茶待客，要求客人也一定要陪他喝茶。有的人一提到要去王濛家，便说"今日有水厄"[1]。"水厄"就是水灾，想来王濛饮茶的场面，必定十分壮观！

唐代以前，饮茶之风盛行于南方，北方人还不适应"水厄"。北朝北魏人王肃最初在南方做官，喜欢饮茶。回到北方后，又喜欢吃羊肉、喝酪浆。有人就问他，究竟是茶的滋味好，还是酪浆好？王肃竟然说，茶水"不堪与酪为奴"[2]！《封氏见闻记》中也说过，唐代初期北方人还不喜饮茶。这本书还提到，饮茶之所以风靡大江南北，主要归功于两个人——陆羽和常伯熊。

陆羽，字鸿渐，复州竟陵（今湖北天门）人，童年时寄居佛寺，不堪忍受僧人欺凌，逃脱为伶人，后来隐居苕溪。据史书记载，陆羽一生郁郁不得志，独嗜饮茶，便将所有的精力灌注在采茶、煎茶、饮茶、品茶上，《封氏见闻记》中说的《茶论》，就是他所著的《茶经》。[3]

《茶经》分为上、中、下三卷，详细介绍了茶的来源、采制办法、烹茶器具、饮茶方法等，使原来简单、随意的饮茶活动变得复杂、精致起来，由此形成了"茶艺""茶道"。他说，"万物皆有至妙"，饮茶亦然。饮茶有"九事"，要极尽其精妙都非常困难，这就是茶之"九难"。何谓"九事"？

> 一曰造，二曰别，三曰器，四曰火，五曰水，六曰炙，七曰末，八曰煮，九曰饮。

"九事"又因何而难？陆羽说：

> 阴采夜焙，非造也。嚼味嗅香，非别也。膻鼎腥瓯，非

---

[1] 李昉等：《太平御览》卷八六七，中华书局 1960 年影印版，第 2844 页。

[2] 陆羽：《茶经》卷下，《丛书集成》本，商务印书馆 1939 年版。

[3] 《新唐书》第 18 册卷一九六，中华书局年 1975 版，第 5611--5612 页。

器也。膏薪庖炭，非火也。飞湍壅潦，非水也。外熟内生，非炙也。碧粉缥尘，非末也。操艰搅遽，非煮也。夏兴冬废，非饮也。[1]

这就是说，采造、辨别好茶，盛茶、炙茶、煮茶和饮茶器具，以及煮茶所用的水、火和饮茶的方式等，都有专门的学问，并非纯粹的形式问题——这就把饮茶上升到了至精至妙的精神体验的高度。

饮茶与精神享受的结缘，是陆羽为中国文化传统做出的巨大贡献。他也因此获得了超凡入圣的历史声望。从唐代开始，卖茶叶、开茶馆的，就把陆羽的塑像供奉在店铺中，奉为"茶神"。

陆羽之后，常伯熊又踵事增华，来往于文人士大夫之间，表演茶艺茶道，终于使得饮茶成为人人向慕的生活时尚。至迟在陆羽生前，唐代的文人士大夫中间已经流行起品茶的休闲方式了，如陆羽的友人颜真卿曾和陆士修等人有一首《月夜啜茶联句》，记述了他们在静夜朗月之下观花品茶的体验：

泛花邀坐客，代饮引情言。醒酒宜华席，留僧想独园。不须攀月桂，何假树庭萱。御史秋风劲，尚书北斗尊。流华净肌骨，疏瀹涤心原。不似春醪醉，何辞绿菽繁。素瓷传静夜，芳气满闲轩。[2]

这首诗较为典型地反映出了一时的风尚所趋——三五友人闲坐庭院，以茶代酒，做彻夜闲谈。所谓"清言"，就是不涉世俗功名利禄的闲言语，这种超越尘俗的放松、舒畅的生活体验，不须像古人那样从幻想和想象中求取，只消一杯清茶即可。关于茶之"净肌骨""涤心原"

---

[1] 陆羽：《茶经》卷下，《丛书集成》本，商务印书馆1939年版。
[2] 彭定求等编：《全唐诗》（下册）卷七八八，上海古籍出版社2006年影印版，第1937页。

的功能概括，都是现实的、活生生的生活经验，是由饮茶带来的情感、审美和精神享受。而"素瓷""芳气"等，则暗示出一种洗去铅华、返璞归真的审美趣味和生活理想。

这种趣味和理想，在进入宋代以后被更多的人所接受。唐代以前，饮茶并非饮清茶，而是要加入姜、盐、葱、桂皮、茱萸、薄荷等调味剂。陆羽在《茶经》中首倡饮清茶，品味茶之"隽永"，宋人蔡襄、黄庭坚等人继起而力革在茶中加入刺激性佐料的做法，终于使饮茶的审美趣味定格在"冲淡""清和"之美[1]，成为历代饮茶人心中的金科玉律。南宋林洪的饮馔著作《山家清供》中附有"茶供"一节：

> 东坡诗云："活水须将活火烹。"又云："饭后茶瓯味正深。"此煎法也。《茶经》亦以"江水为上，山与井俱次之"。今世不惟不择水，且入盐及果，殊失正味。不知姜去昏、梅去倦，如不昏不倦，亦何必用？[2]

"正味"也就是茶本身的清淡之味。盐之味咸、葱之味辛、梅之味酸，如此烹制的茶汤虽然五味俱全，却掩盖了茶本身的味道。摈除这些刺激性强的味道，专注于清淡之味，实际上是想在"咸酸之外"，体会清净幽远、含蓄内敛的审美感觉和精神体验。他们要借茶的"味"，来训练、培养出更为细微、精妙、玄远的审美感觉。这样，平淡的凡俗人生和日常生活的内在经验，而不是外在的斑斓世界的诱惑，成为他们关注的重心。

不过，许多人不免觉得单纯饮茶味道寡淡，果茶、花茶还是很有市场。这在那些深谙茶之三昧的文人士大夫来说，自然是没有品位和逸趣的。如明代高濂在《遵生八笺》中批评以花果入茶："芽茶，除以清

---

[1] 黄卓越：《品茶：性情与风尚》，黄卓越、党圣元主编：《中国人的闲情逸致》，广西师范大学出版社 2007 年版，第 136 页。

[2] 林洪：《山家清供》卷下，《丛书集成》本，商务印书馆 1939 年版，第 23 页。

泉烹外，花香杂果，俱不容入。人有好以花拌茶者，此用平等细茶拌之，庶茶味不减，花香盈颊，终不脱俗。"[1]徐渭在《煎茶七类》也说，尝茶须先以清泉漱口，然后徐徐饮啜，细细品味茶汤由唇至舌、至喉的甘美，这样才能"孤清自萦"。饮茶时吃其他果品，会喧宾夺主，遮掩茶本身冲淡隽永的香味。[2]世俗中人，自然不解其中味。《红楼梦》第四十一回写刘姥姥随贾母、宝玉等到栊翠庵吃茶，道人妙玉用旧年的雨水，烹制茗茶老君眉。刘姥姥尝过之后说："好是好，就是淡些，再熬浓些更好了！"一句话引得哄堂大笑。[3]

中国人饮茶、品茶的历史，就是不断剔除外在欲念、影响，渐次回归世俗人生、日常生活和内心体验的历程，也是世俗人生、日常生活和内心体验的价值和重要性不断被发现、开掘、深化的历程。羽化升仙的虚妄追求、酸咸苦辣的味觉体验，逐渐被淡化、消解，代之以不可言宣的冲淡、清和、隽永的审美和精神体验。品茶即是修道、悟道，这大概也就是古人常说"非真正契道之士，茶之韵味亦未易评量"的原因吧！[4]

---

[1] 高濂著，王大淳点校：《遵生八笺》，巴蜀书社 1992 年版，第 717 页。

[2] 徐渭著，刘祯选注：《徐文长小品》，文化艺术出版社 1996 年版，第 264 页。

[3] 曹雪芹：《脂砚斋批评本红楼梦》下册，凤凰出版社 2010 年版，第 325 页。

[4] 李日华：《六研斋笔记》卷一，《影印文渊阁四库全书》第 867 册，台湾商务印书馆 1983 年版，第 503 页。

花道、茶艺与居家之美

　　花主动，茶主静；花尚人工，茶尚自然；花为外饰，茶为内缘；花寄情致，茶蕴道趣。赏花与品茶，固然有着审美情趣、生活态度和人生观念的差异，但在古人的观念中，动与静、人工与自然、外饰与内缘、情致与道趣之间并非截然对立、非此即彼。这是几千年的中国生活所积淀、生成的生活智慧，恰如中国文化的原典《周易》所言：

　　　　一阴一阳之谓道。[1]

　　"一"，不是简单的数量词，将至高无上的道判为阴阳两截，而是齐一、统摄的意思。道显现在阴与阳等形式中，而又超越了具体的阴与阳。人们透过世间万物或阴或阳的显现特征，能够参悟出道的不同侧面，但只有舍弃偏执一端的做法，从整体上看阴与阳的循环往复，对立转化，才能对道之全体有所了解。[2]这超迈的智慧，体现在日常生活中，就是不在动静、天人、内外、情理之间偏执一端，而是崇尚动静结合，天人合一，内外兼修，情理圆融。赏花与品茶，貌似大相径庭，相去甚远，实际上又密合无间地统一在中国古人的日常生活中。

　　于是我们看到，古人赏花、品茶，看似孤立、简单的生活行为和审美活动，其背后却关联着一整套的生活设施、生活情境，以及它们背后的生活观念和心态。就像周作人谈饮茶时所言：

　　　　喝茶当于瓦屋纸窗之下，清泉绿茶，用素雅的陶瓷茶具，

---

[1]《周易·系辞上》，《十三经注疏》上册，上海古籍出版社 2007 年影印版，第 78 页。

[2] 黎靖德编：《朱子语类》第 5 册卷七四，中华书局 2007 年版，第 1896 页。

同二三人共饮，得半日之闲，可抵十年的尘梦。[1]

这是说，饮茶而有好茶，只是第一步，更为关键的还在于择取清净的处所、适宜的泉水、雅洁的茶具，然后携一二知心茶侣，从容玩味。

赏瓶花又何尝不是如此？

就拿花瓶的选择来说，有"春冬用铜，夏秋用磁（瓷）……堂厦宜大，书室宜小"等诸多讲究[2]。至于插花、摆放和欣赏之法，更是专门的学问，非潜心精研，大概很难领会其中雅趣。

插瓶花、赏瓶花和烹茶、品茶的艺术，被称为"花道"和"茶艺"。花道和茶艺是表，是实践，而这实践内在的初衷和底蕴，则是传统中国人对日常生活境界的追求。饮茶、赏花并不是纯粹为了"茶"和"花"，而是有茶外之旨、花外之韵，也就是前面说的动静结合，天人合一，内外兼修，情理圆融的日常生活体验和境界。

那么，如何实现这种境界？这就要说到中国传统的"家居有事之学"了。所谓"家居有事之学"，是针对老子的"避世无为之学"而言的。在老子的生活观念中，"五色令人目盲，五音令人耳聋，五味令人口爽，驰骋田猎令人心发狂，难得之货令人行妨"，也就是说，斑斓的色彩令人眼花缭乱，丧失辨别真伪的能力；嘈杂的声音扰乱人的听觉，使人无法倾听真理的声音；味道丰富的食物迷惑人的味觉；纵横驰骋、戏游狩猎使人心性流宕狂野；珍贵稀有的物品勾起人的贪欲，使人行为不检……所以他主张"不见可欲，使心不乱"。不见可欲，固然可以使心性平和、寡淡，但人是社会性的群居动物，除非躲避到深山老林中，又如何能"不见可欲"呢？而古往今来，又有多少人能彻底摒弃"声色货利"的诱惑？[3]而"家居有事之学"恰恰是与之针锋相对的："家居"

---

[1] 周作人：《喝茶》，止庵校订：《周作人自编文集·雨天的书》，河北教育出版社2002年版，第54页。

[2] 张德谦：《瓶花谱》，《丛书集成》本，商务印书馆1939年版，第1页。

[3] 李渔著，单锦珩点校：《闲情偶寄》卷六，浙江古籍出版社2010年版，第339页。

248

是相对于"避世"而言；"有事"则是针对"无为"而言。"家居有事"，就是要让人在现实的日常生活中充分体验到感性的愉悦、精神的快乐，营造世俗的、日常的居家之美。[1]

这种居家之美就是要使日常生活情境达到"物物皆非苟设，事事俱有深情"的审美化和艺术化的高度，就是力求使自己的日常生活中"过目之物尽是画图，入耳之声无非诗料"。[2]

---

[1] 赵强：《闲情何处寄？——〈闲情偶寄〉的生活意识与境界追求》，《文艺争鸣》2011 年第 2 期。

[2] 李渔：《闲情偶寄》卷四，浙江古籍出版社 2010 年版，第 177 页、第 230 页。

第八章
从『雅集之乐』到『交游之美』

君子周而不比，小人比而不周。

——《论语·为政》

相呴以湿，相濡以沫，不如相忘于江湖。

——《庄子·大宗师》

友遍天下英杰之士，读尽人间未见之书。

——陈继儒《小窗幽记》

分享快乐的真理

庄暴去朝见齐宣王。该国君是个热衷于发展文化事业的人，延请了大批"文学游说之士"来到他的国都，安排在稷下学宫，"不治而议论"[1]——每日放言高论，却没有治国安民的实际行动。庄暴刚开口，齐宣王就大手一挥："寡人喜欢听音乐，咱们还是聊聊音乐吧！"

一句话就把庄暴满肚子的大道理噎了回去。他回头跟孟子抱怨这事儿，认为齐国没救了。更出乎意料的是，孟子竟然信心满满地说，大王如果真心喜欢音乐，那齐国还算不错了！

没过几天，孟子去见齐宣王的时候，提起此事。齐宣王猜到孟子不过是变着法儿说他的"王道"理想、"礼乐"文明，就主动降低姿态说：寡人喜欢的是世俗的靡靡之音，和您说的那些不搭边儿！

孟子常年游说诸国，自然深谙眼前这位国君的防御心理，就卖个关子说：大王您有所不知，只要喜欢音乐，就很不错了。先王的音乐和流行音乐也差不多，没有想象中的那么崇高！

齐宣王果然上当了，忙不迭地说：您快告诉我是怎么个道理？

孟子就用这幌子引君入瓮，从享受音乐讲到与民同乐，再到施惠于百姓。至于游说的效果，是可以想见的。逻辑的力量毕竟停留在话语层面，要想让骄奢淫逸的国君放下身段与民同乐，切实做点惠民的政事，单靠辩论恐怕不行。

不过，孟子和齐宣王的一问一答，却无意间道出了中国人两千年来持续不变的关于生活享受和快乐的一种心理：

（孟子）曰："独乐乐，与人乐乐，孰乐？"

---

[1] 司马迁：《史记·田敬仲世家》第 6 册，中华书局 1963 年版，第 1895 页。

（齐宣王）曰："不若与人。"

（孟子）曰："与少乐乐，与众乐乐，孰乐？"

（齐宣王）曰："不若与众。"[1]

独乐不如众乐，这是关于快乐及其分享的真理。高高在上的国君都懂得与人分享快乐，能够获得更大的快乐，更何况普通人？所以在中国人的人生观念里，"朋友之道"特别重要，"朋友"被看成是五种基本的人伦关系（"五伦"）之一。《左传》中说："天子有公，诸侯有卿，卿置侧室，大夫有贰宗，士有朋友。"[2]这里所说的"朋友"关系，当然首先建立在互相切磋、交流，以促进学识和品行的提升上，所谓"君子以文会友，以友辅仁"[3]。朋友间互相解答疑难问题，分享对经典和道义的理解，以及艺术作品、审美体验等，能够带来极大的快乐！

所以《论语》中说："有朋自远方来，不亦乐乎？"[4]

和朋友一起探讨真理、切磋学问这么枯燥的事儿，尚且快乐如斯，更何况是一起登高作赋、饮酒观乐、品茗对弈、鉴古赏奇？

林语堂先生总结过中国古代真正懂得"生活的艺术"的"生活艺术家"们的特点："他如更想要享受人生，则第一个必要条件即是和性情相投的人交朋友，须尽力维持这友谊，如妻子要维持其丈夫的爱情一般，或如一个下棋名手宁愿跑一千里长途去会见一个同志一般。"[5]我们的文明史上镌刻了难以计数的尊友、尚友的典故：管鲍知心、季札挂剑、伯牙摔琴、杀鸡作黍、雪夜访戴、千里寻嵇、阮籍青眼、竹林痛饮、兰亭欢会、陇头赠梅、灞桥折柳、西园雅集……这与朋友分享快乐

[1] 孟子：《孟子·梁惠王（下）》，朱熹：《四书章句集注》，中华书局 2003 年版，第 213 页。

[2] 上海古籍出版社编：《十三经注疏》下册，上海古籍出版社 2007 年影印版，第 1958 页。

[3] 朱熹：《四书章句集注》，中华书局 2003 年版，第 47 页。

[4] 朱熹：《四书章句集注》，中华书局 2003 年版，第 47 页。

[5] 林语堂著，越裔译：《生活的艺术》，群言出版社 2009 年版，第 148 页。

的文化基因，还流淌在我们的血脉中！这些故事和体验本身，就足以支撑起一个伟大的情感、精神、艺术、文化的传统了。

文徵明 《携琴访友图》 明代 现藏于台北故宫博物院

游宴之乐

《世说新语·伤逝》篇记载过一则令人感伤的轶事：王粲有一个怪癖，喜欢听驴叫。他英年早逝，在葬礼上，已经贵为魏王世子的曹丕，也就是后来的魏文帝忽然想起这一出，对那些曾同游多年的朋友说：

> 王好驴鸣，可各作一声以送之。[1]

于是乎本应悲戚、肃穆的葬礼上驴叫声此起彼伏。这一幕貌似不可理喻，但却径直击中人心最柔软的部位，千载而下，读来仍令人黯然神伤。学驴鸣，展现了曹丕心性极为复杂的面目：在权力斗争中，他奸诈、残忍，连手足之情都毫不顾忌；与朋友交往，却推心置腹，一往情深。

曹丕与王粲等人的友情，建立在多年携手同游、宴饮欢会的生活经历之上。他有一封写给另一位友人吴质的信，回忆起当年的游宴之乐，言辞清理、情真意切：

> 每念昔日南皮之游，诚不可忘。既妙思六经，逍遥百氏，弹棋间设，终以六博。高谈娱心，哀筝顺耳。驰骛北场，旅食南馆。浮甘瓜于清泉，沈朱李于寒冰。白日既匿，继以朗月。同乘并载，以游后园。舆轮徐动，宾从无声，清风夜起，悲笳微吟，乐往哀来，怆然伤怀。余顾而言，斯乐难常，足下之徒，咸以为然。今果分别，各在一方。元瑜长逝，化为异物，每一念至，何时可言？[2]

---

[1] 刘义庆著，徐震堮校笺：《世说新语校笺》下册，中华书局 2004 年版，第 347 页。
[2] 曹丕著，易健贤注：《魏文帝集全译》，贵州人民出版社 2009 年版，第 178 页。

作"南皮之游"时，曹丕年方十八九岁，正是年少轻狂、意兴遄飞的时节。所以信中所说的"乐往哀来，怆然伤怀"，大概是掺杂了那个时代特有的对人生苦短、世事无常的普遍感伤情绪，与青春期懵懂、躁动、莫可言喻的怅惘心绪。也正是在这个人格塑成的关键时期，他与吴质、阮瑀、徐干、陈琳、应场、刘桢等人朝夕相处，同住同游，建立了情同莫逆的友谊！曹丕在一首题为《孟津》的诗中写道：

　　良辰启初节，高会构欢娱。[1]

也就是说，良辰美景，驾车出游，举办盛大的宴会寻欢作乐。这是友朋交游最主要的方式之一，也是最直接、最集中、最强烈的交游之乐的获取方式。早在周代，游宴欢会就已经非常流行了。《诗经》中有许多记载周朝贵族们"高会构欢娱"的诗，如《小雅》之《天保》《常棣》《鹿鸣》等均是此类。后来的儒生往往要给这些诗带上"礼教"的帽子，说饮酒的目的不是为了寻欢作乐，而是要和乐兄弟、维护君臣关系等，难道这兄弟相洽之乐、君臣相得之乐，竟不是"快乐"吗？

我们只看《小雅·鹿鸣》中的一句诗就能一目了然了：

　　呦呦鹿鸣，食野之苹。我有嘉宾，鼓瑟吹笙……鼓瑟鼓琴，和乐且湛。我有旨酒，以燕乐嘉宾之心！[2]

这分明是说，鹿在呦呦地唱着歌儿，悠闲地吃着野地里的青草；我家来了好朋友，赶紧大张筵席、吹弹作乐；弹瑟的弹瑟，鼓琴的鼓琴，吹笙的吹笙，听起来真欢快；拿出我的美酒来，让我的朋友在宴会上一醉方休，彻底尽兴！如果说非要给这诗歌蒙上伦理的色彩，那这人伦的和谐，也是根植于主客之间不分彼此的物质享受的分享。

---

[1] 曹丕著，易健贤注：《魏文帝集全译》，贵州人民出版社 2009 年版，第 351 页。
[2] 高亨：《诗经今注》，上海古籍出版社 1980 年版，第 217—218 页。

贵公子和他的朋友们年少轻狂、不谙世事，所以他们在宴饮中获得的快乐是纯粹的、明朗的、积极的，流淌着生命的激情和生活的热情。而对于那些深陷现实苦闷中的难兄难弟而言，宴饮之乐就显得有些"苦中作乐"了。这种快乐，是为了消解在铜墙铁壁一般黑暗、坚硬的现实中屡屡碰壁，受挫而沉淀下来的积郁，所谓"浇胸中垒块"是也。曹氏兄弟的父辈们在宴会中就常常流露出这样的苦闷和哀思：

> 对酒当歌，人生几何？譬如朝露，去日苦多。慨当以慷，忧思难忘。何以解忧，唯有杜康！[1]

这里所感叹的"人生几何"，有了人到中年、壮志难酬的沉甸甸的生活体验和人生感悟，因而诗人慷慨不平的心绪、深隐难遣的幽思才更真切、更能引发观者的共鸣。曹氏一代"奸雄"，挟天子以令诸侯，可谓得志之人，尚且如此，更何况那些在现实政治中屡屡失意，甚至对这名利场深感绝望的人？他们对于酒的依赖，理由就更充分了，他们在宴饮中所分享的，也不仅仅是美酒所能带来的感官刺激和愉快体验了。《世说新语·任诞》篇中说：

> 陈留阮籍、谯国嵇康、河内山涛，三人年皆相比，康年少亚之。预此契者：沛国刘伶、陈留阮咸、河南向秀、琅琊王戎，七人常居于竹林之下，肆意酣饮，故世称"竹林七贤"。[2]

"竹林七贤"是魏晋名士中的翘楚，他们相聚"肆意酣饮"，实际上是知心好友聚在一起，分担生命的苦闷，一同发泄对于现实、社会和政治的不满。阮籍纵饮，是以一种戕害自己生命健康的方式，来发泄胸

[1] 曹操：《短歌行》，余冠英：《三曹诗选》，人民文学出版社 1999 年版，第 7 页。
[2] 刘义庆著，徐震堮校笺：《世说新语校笺》下册，中华书局 2004 年版，第 390 页。

中的不平之气。而嵇康、山涛、刘伶、阮咸、向秀等人也是如此，就连后来变节的王戎，也隐藏着满腹的牢骚。据说他投靠司马氏后，做了尚书令的要职，穿着华丽的官服、乘坐轩车，途径黄公酒垆时，想起昔日的竹林之游，不仅感慨万端：

> 吾昔与嵇叔夜、阮嗣宗共酣饮于此垆，竹林之游，亦预其末。自嵇生夭、阮公亡以来，便为时所羁绁。今日视此虽近，邈若山河。[1]

这是触景生情、睹物思人的真情流露。他眼前浮现的不仅是当年七贤在竹林中酣饮高歌、旁若无人的自由自在，更是身不由己而又不便言说的恐惧、忧虑。嵇康对抗司马氏，坚决不合作，被砍了脑袋；阮籍虽然没有这么激烈，但也只能靠颓废放纵来获得司马氏的容忍，最终郁郁而终……这样的悲惨下场，有几人愿意亲身尝试？王戎说的"为时所羁绁"一语里面，实则暗藏着生于乱世污秽之中，出处之间都危机四伏的人生体验！

---

[1] 刘义庆著，徐震堮校笺：《世说新语校笺》下册，中华书局 2004 年版，第 348 页。

雅集之美

嵇康被杀，给放荡不羁、对抗权贵的名士当头一棒：要个性、自由、尊严，还是要生存？《世说新语》中引用了一段《向秀别传》中的话：

> 后康被诛，秀遂失图，乃应岁举到京师，诣大将军司马文王。文王问曰："闻君有箕山之志，何能自屈？"秀曰："尝谓彼人不达尧意，本非所慕也。"一坐皆悦。[1]

嵇康被诛杀后，向秀看到了拒不合作的惨痛结局，就不再坚持隐居不仕了。"一坐皆悦"，其乐融融，这是用暴力和杀戮经营出来的和谐景象！不出仕、拒绝为当权者粉饰太平就要被铲除；入仕又是违心之举，所以许多人采取了折中的办法：出仕但不务实，不做当权者的帮凶，而是口不议论时政、手不离麈尾酒樽，干脆悠游自在地享受人生。三五好友相聚时，或挥麈谈玄，辩论一些虚无缥缈的话题，要不就是大张筵席，品美酒、观声伎、赋新诗……总之是与现实的政治和社会保持着隔绝。这隔绝出来的聚会，就是我们通常所说的"雅集"的滥觞。

"雅集"之"雅"，是与世俗相对而言的，是一种生活的品位与审美的趣味。尽管雅集也逃不出世俗的时空畛域，但人们总试图在世俗人生、日常生活、名利世界之外，开辟出一片宁静、高雅、绝尘的审美空间。这一审美空间，大都安放在远离城市喧嚣、人群嘈杂的山水或园林中；有资格参加雅集的人，都是高蹈绝俗、不慕荣利的，至少在此时此地，要暂时放下名利之图；饮酒自然是雅集必不可少的内容，但酒就像是服药前的引子，先行的铺垫，饮酒、声伎之欢的目的是激发人的雅

---

[1]刘义庆著，徐震堮校笺：《世说新语校笺》上册，中华书局2004年版，第43页。

《竹林七贤与荣启期》南朝画像砖

兴，酝酿灵感，最终为雅集者所推崇的往往是诗文或书画作品。

有这么一篇文章，大概粗识文字的人都能背出它的前几句：

> 永和九年，岁在癸丑，暮春之初，会于会稽山阴之兰亭，修禊事也。群贤毕至，少长咸集。此地有崇山峻岭，茂林修竹，又有清流激湍，映带左右，引以为流觞曲水，列坐其次。虽无丝竹管弦之盛，一觞一咏，亦足以畅叙幽情。[1]

---

[1] 王羲之：《兰亭集序》，吴楚材、吴调侯著，韩欣整理：《古文观止》卷七，天津古籍出版社 2010 年版，第 389 页。

没错，这就是被称为"天下第一行书"的《兰亭集序》，作者是"书圣"王羲之。东晋穆帝永和九年（公元353年）三月初三，王羲之与谢安、谢万、王献之、王凝之、王徽之、孙统、孙绰、华茂等四十多位东晋名士在会稽山阴的兰亭聚会。聚会的名义是"修禊事"，也就是在水边祭祀、祈福，这是先秦时代流传下来的习俗。兰亭远离都市，背靠崇山峻岭，前临清澈溪流，四周长满了绿树修篁，实在是踏青休闲的好去处。

王羲之等人就在亭边溪畔席地而坐。"引以为流觞曲水"，就是开掘"流杯池"，引来溪流，顺着流水的走势设好席位，把酒杯放在水流中，任其漂流。人坐在水边，酒杯飘过来就取而饮之。因为"流杯池"大都形状蜿蜒曲折，所以称之为"流觞曲水"[1]。"一觞一咏"就是说一边饮酒，一边作诗。这次聚会，对与会者的要求之一就是要作诗，因为有十五人没完成任务，各被罚酒三斗。[2]

王羲之特别强调说，这一天"天朗气清，惠风和畅，仰观宇宙之大，俯察品类之盛，所以游目骋怀，足以极视听之娱，信可乐也"！正所谓山水之美，可以涤荡胸中尘渣，令人忘却世俗烦恼。不过乐极往往生悲，他笔锋一转，就开始渲染浓郁的悲情：我们虽然今日在此地极尽欢快，可这快乐究竟是短暂的；况且人生天地间，如白驹过隙，忽然而已。这样说起来，人生的欢乐实在是太短暂了！

整篇《兰亭集序》的情绪，就在这"贪生怕死""好逸恶劳"的悲痛中达到了顶点，并且戛然而止！这真有些令人意外。按常理而言，你至少得曲终奏雅，在结尾处讲一番齐同万物、看破生死的大道理呀！可是王羲之却明明白白、一字一顿地告诉读者："一死生为虚诞，齐彭殇为妄作！"也就是说，认为生和死没有什么区别的说法不过是痴人妄语，更不应该把长寿和夭折看成一样！

后来的人解读这篇文章时往往推崇他的"自然趣味""高旷情怀"，

---

[1] 万绳楠：《魏晋南北朝文化史》，黄山书社1989年版，第140页。

[2] 刘义庆著，徐震堮校笺：《世说新语校笺》下册，中华书局2004年版，第346页。

大都言不及义，甚至牵强附会。这哪里是"自然趣味"？分明是对生命自然之道的控诉！这又何尝展现了"高旷情怀"？分明是不敢正视哪怕是尚且非常遥远的死亡！

只有清人金圣叹独具慧眼，读懂了王羲之的心境：

> 此文一意反复生死之事甚疾，现前好景可念，更不许顺口说有妙理妙悟，真古今第一情种也。[1]

金圣叹拈出一个"情"字，实在高明。王羲之对眼前美景与此刻快乐的留恋与不舍，以及他对人之不免一死的洞见，表现出一种洞达生命本质的透辟：人始终是要死的，面对死亡的恐惧和忧虑，任何哲理、说教都是虚妄无力的，改变不了这一必然结局。这有限的生命，应该交付给良辰美景、赏心乐事，还是投身到污浊的尘俗中随波逐流？

答案自然是可以想见的。王羲之是折中派名士的翘楚，他在"规矩"与"自由"之间找到了一个折中的平衡，既不踏入"名教"的禁地，也不为"名教"的势利所劫。他对生命的依恋之情，主要都灌注在艺术创造和朋辈交游两件事上了。他说书法是"玄妙之伎"，如果不是胸怀旷达、见解高妙的人，是学不好的[2]；朋友交游，又何尝不是如此？他说：

> 夫人之相与，俯仰一世。或取诸怀抱，晤言一室之内；或因寄所托，放浪形骸之外。虽趣舍万殊，静躁不同，当其欣于所遇，暂得于己，快然自足，不知老之将至。及其所之既倦，情随事迁，感慨系之矣。向之所欣，俯仰之间，已为

---

[1] 金圣叹选评，朱一清、程自信校注：《天下才子必读书》，安徽文艺出版社1992年版，第569页。

[2] 王羲之：《书论》，杨素芳、后东生编：《中国书法理论经典》，河北人民出版社1998年版，第16页。

陈迹，犹不能不以之兴怀。况修短随化，终期于尽！[1]

在人际交往中，人的目的、好恶是千差万别的，所袒露出的情趣、性格也面目各异，但不论哪种情形，只要人与人一拍即合，暂时满足了内心的渴求，就会获得莫大的快乐！人生苦短的烦恼也就抛到九霄云外去了。待到双方熟而生厌之后，感受和心情又会有一番变化，不由生出无端的感慨！

经王羲之这么一说，执着于友情的人难免会别有一番滋味在心头——交游之乐真的如此短暂、虚幻、偶然吗？

王羲之没有给出确切的答案。执着的人未免要搵一把辛酸泪，通达的人则会有苏轼在《和子由渑池怀旧》诗中所流露出的心境：

　　人生到处知何似，应似飞鸿踏雪泥。泥上偶然留指爪，鸿飞那复计东西？[2]

人生世间，如同南来北往的鸿雁一般。鸿雁踏雪留痕，不过是必然之偶然，也就是说，它要落脚停歇，就必然会在某地留下蛛丝马迹，然而，具体到哪里歇脚，却不过是偶然的无心之举罢了！人生一世，草木一秋，不过就是这"雪泥鸿爪"，又何必斤斤计较呢？尽管享受这偶然的快乐就是了！

这就是王羲之的兰亭逸趣。他洞穿了人生之不真实、不可靠、不值得执着和留恋的真相，继而能以一种豁达的、绝俗的、摆脱了情欲物累的姿态来待人接物，用审美的方法来处理人际关系，不苟求尽善尽美、不妄图天长地久。这种心态貌似颓丧，实则是获得自由与解脱的大

[1] 王羲之：《兰亭集序》，吴楚材、吴调侯著，韩欣整理：《古文观止》卷七，天津古籍出版社 2010 年版，第 389—390 页。
[2] 苏轼：《和子由渑池怀旧》，王文浩辑注：《苏轼诗集》卷三，中华书局 1982 年版，第 97 页。

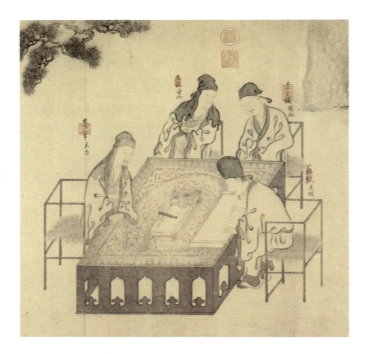

李公麟《西园雅集图》局部 北宋 现藏于台北故宫博物院

马远《西园雅集图》局部 南宋 现藏于美国纳尔逊·艾金斯艺术博物馆

智慧！

中国文化史上另一场激动人心的文人雅集，上演于北宋时代。

宋代文人雅集更讲究形式之雅。而最能体现出这种形式之雅的，大概就是大画家李公麟的《西园雅集图》中所刻绘的"西园雅集"了。"西园"是东京（今河南开封）的一处园林，园子的主人王诜，是宋英宗的驸马，出身名门，喜欢收藏书画、古董。他与苏轼、苏辙、黄庭坚、米芾等著名文人来往密切，常常在府邸或园林中举办宴会，一起吟诗作赋、鉴赏古董、抚琴挥毫、谈禅论道，《西园雅集图》所呈现的就是这种场面。

米芾曾经写过一篇《西园雅集图记》，用精妙的文字把这幅名画塑造的人物形象展现出来：

> 李伯时效唐小李将军为著色泉石，云物、草木、花竹，皆绝妙动人，而人物秀发，各肖其形，自有林下风味，无一点尘埃气，不为凡笔也。
>
> 其乌帽黄道服捉笔而书者，为东坡先生。仙桃巾紫裘而坐观者，为王晋卿。幅巾青衣，据方几而凝视者，为丹阳蔡天启。捉椅而视者，为李端叔。
>
> 后有女奴，云鬟翠饰，侍立自然，富贵风韵，乃晋卿之家姬也。
>
> 孤松盘郁，上有凌霄缠络，红绿相间。下有大石案，陈设古器、瑶琴，芭蕉围绕。坐于石盘旁，道帽紫衣，右手倚石，左手执卷而观书者，为苏子由。团巾茧衣，手秉蕉箑而熟视者，为黄鲁直。
>
> 幅巾野褐，据横卷画渊明《归去来》者，为李伯时。披巾青服，抚肩而立者，为晁无咎。跪而捉石观画者，为张文潜。道巾素衣，按膝而俯视者，为郑靖老。
>
> 后有童子执灵寿杖而立。二人坐于盘根古桧下，幅巾青衣，袖手侧听者，为秦少游。琴尾冠、紫道服，摘阮者，为陈碧虚。

唐巾深衣，昂首而题石者，为米元章。幅巾袖手而仰观者，为王仲至。

前有髯头顽童，捧砚研而立。后有锦石桥、竹径，缭绕于清溪深处。翠阴茂密中，有袈裟坐蒲团而说无生论者，为圆通大师。旁有幅巾褐衣而谛听者，为刘巨济。二人并坐于怪石之上。

下有急湍淙流于大溪之中，水石潺湲，风竹相吞，炉烟方袅，草木自馨，人间清旷之乐，不过于此。嗟乎，汩涌于名利之域而不知退者，岂易得此耶！自东坡而下，凡十有六人，以文章议论，博学辨识，英辞妙墨，好古多闻，雄豪绝俗之资，高僧羽流之杰，卓然高致，名动四夷。后之揽者，不独图画之可观，亦足仿佛其人耳。[1]

画中除侍女、童子外，共计十六人：苏轼、王诜、蔡肇、李之仪、苏辙、黄庭坚、李公麟、晁补之、张耒、郑嘉会、秦观、陈景元、米芾、王钦臣、圆通大师、刘泾。这些人大都是著名的文人，诗词、书画无不精通，而陈景元、圆通大师则分别是当时著名的道士和禅师。

《西园雅集图》所表现的，不是某次确切的文人聚会，而是集中表现了以苏轼、黄庭坚、米芾等人为中心的文人交际圈平日里的雅集情形。

这幅图的人物有六组，他们或三或两，分享着不同的快乐：头戴乌帽、身着黄道袍的苏轼正在临池挥翰，而披紫裘、带仙桃巾的王诜和方巾青衣的蔡肇、李之仪等聚精会神地在一旁观摩；戴道士帽、着紫衣的苏辙和戴团巾、穿茧衣的黄庭坚则正沉浸在鉴赏古董清玩的愉悦里；李公麟则一副江湖野老的扮相，正在画陶渊明《归去来》图，晁补之、张耒、郑嘉会等人正津津有味地在一旁观赏；陈景元戴着高高的道冠，旁若无人地抚琴，秦观完全被这清妙的琴音征服了；有"石癖"的米芾

---

[1] 米芾：《宝晋英光集·补遗》，《丛书集成》本，商务印书馆 1939 年版，第 76 页。

装扮复古，正在对着石头挥毫，王钦臣袖手仰观，似乎在比较米芾和苏轼书法的优劣；远离这些人的清溪深处，圆通大师和刘泾二人正在交流参禅的心得。

从西园雅集的情形来看，宋代文人士大夫的雅集活动，的确与魏晋时代有了很大不同。雅集的艺术氛围更为浓郁，与会者的性情、心态也趋于淡泊、闲适，没有了王羲之《兰亭集序》中所流露出的那种追问生死的紧张和焦虑。在宋人这里，生命的价值和意义已经不再构成念兹在兹的大关节、大问题了，因为他们已经找到了安放心灵的良好途径，那就是营造优雅、精致、绝俗的日常生活空间。

这就是最精致、最优雅的生活艺术和生活美学！

古代文人的"社"与"会"

　　《红楼梦》第三十七回写道：宝玉自贾政点了学差出门去后，就成了脱缰的野马，"每日里在园中任意纵性的逛荡，真把光阴虚度，岁月空添"。如此漫无目的放纵自我，时间长了也难免无聊，这时探春差人送来一副花笺，上面写道：

> 今因伏几凭床处默之时，因思及历来古人中，处名攻利敌之场，犹置一些山滴水之区，远招近揖，投辖攀辕，务结二三同志，盘桓于其中，或竖词坛，或开吟社，虽一时之偶兴，遂成千古之佳谈。[1]

　　探春姑娘"才自精明志自高，生于末世运偏消"，对整饬上下、重振家风抱有一腔热忱，却难见实效，恰似官场上失意的文人、落魄的秀才。所以她消遣寻乐，也颇得文人风神，"竖词坛""开吟社"就是古代文人交游的一种组织形式——会社。

　　明代人方九叙在《西湖八社诗帖序》中说过：

> 夫士必有所聚，穷则聚于学，达则聚于朝，及其退也，又聚于社，以托其幽闲之迹，而忘乎阒寂之怀。是盖士之无事而乐焉者也。[2]

　　这就是说，会社是学问、政治之外的文人生活空间，是用来打发

---

[1] 曹雪芹：《脂砚斋批评本红楼梦》上册，凤凰出版社 2010 年版，第 289—290 页。

[2] 祝时泰辑：《西湖八社诗帖》，《丛书集成续编》第 154 册，上海书店出版社 1994 年影印本，第 475 页。

无聊时光、免去岑寂枯燥之苦的交游行为。中国人结会社的历史渊源长久，自魏晋时代就初现端倪，如东晋时代著名僧人释慧远就组织过"白莲社"，与雷次宗等十七位同仁研究佛理；唐代白居易与张浑、刘真等人结成"香山九老会"，在一起吟诗谈禅、颐养天年；到了宋元以后，尤其是明清时代，文人结社交游蔚然成风，社与会就成了宴饮、雅集之外另一种主要的交游形式：有了明确的兴趣和话题中心、大致固定的成员、结构松散的组织和举办活动的规则。

中国最早的"学问型会社"就是前面提到的白莲社。东晋末年，庐山东林寺的僧人释慧远与雷次宗、刘遗民等十八人在寺中结社。东林寺中有一处池塘，植有白莲花，因此号称"白莲社"；这十八位社友，也因此被称为"莲社十八高贤"。关于白莲社的具体活动，我们已经很难考察清楚了，不过，从"十八高贤"相约"同修净土之法"的宗旨来看，"白莲社"应该是以究明佛理、弘扬佛法为己任的以僧人和对佛教感兴趣的文人为主。[1]据说，白莲社的主持者释慧远仰慕陶渊明的高风亮节，写信拉他入伙，陶渊明知道佛教戒律不许饮酒，就提出一个条件：如果准许饮酒，便可加入。面对这个触犯清规戒律的条件，释慧远当做何决断？文献中记载的是：

---

[1] 陈舜俞：《庐山记》卷二，李冲昭：《南岳小录（外四种）》，上海古籍出版社1993年影印版，第21页。

许之，遂造焉，忽攒眉而去。[1]

陶渊明为何会皱着眉头离开？古人没有交代。唐代诗僧齐己曾写过一首《题东林十八贤真堂》诗，说"陶令醉多招不得，谢公心乱入无方"[2]，前一句能解答这个问题：陶渊明嗜酒如命，即使准许他在佛寺中饮酒，大概也不会容忍他成天喝得酩酊大醉吧！后一句说的则是谢灵运，据说他恃才傲物、尘心杂乱，请求加入白莲社，却被释慧远拒绝了。这些当然都是传说，不过传说背后蕴含的结社观念却是值得注意的，那就是"同声相应，同气相求"的交游原则。

唐宋以后，文人因切磋学问、交流思想而结成会社的例子越来越多，最典型的莫过于书院和讲学会了。前者著名的如石鼓、白鹿、应天、嵩阳、岳麓、茅山六大书院，后者则以朱熹、陆九渊、王阳明等人的讲学活动最盛。儒生们聚集在一起，交流读书心得、探讨诠解儒家经典的经验，以及修身养性的方法等，对中国学术和思想的演进都产生了巨大的推进作用。也有部分读书人聚在一起，研究科举文章的作法，如宋代吕本中说自己兄弟三人曾经与汪信民、黎确、饶德操等"会课"，具体的做法是"每旬作杂文一篇，四六表启一篇，古律诗一篇。旬终会课，不如期者罚钱二百"[3]。不仅明确规定了具体的会课方式，还制定了处罚条例，这大概是最早的"会社章程"吧！到了明代，"时文社"（研究八股作法）盛行一时，应该受到了吕本中等人的"会课"的启发。[4]

正所谓"人生识字忧患始"，每当社会动荡、政治黑暗之际，文艺和学问型会社就会凸显出强烈的政治和社会批判色彩，进而演变成"政

[1] 佚名：《莲社高贤传》，王质等著，许逸民校辑：《陶渊明年谱》，中华书局1986年版，第253页。
[2] 吕子都选注：《历代僧诗精华》，东方出版中心1996年版，第120页。
[3] 吕本中：《东莱吕紫薇师友杂志》，《丛书集成》本，商务印书馆1939年版，第2页。
[4] 陈宝良：《中国的社与会》，浙江人民出版社1996年版，第275页。

周文矩 《文苑图》 五代 现藏于故宫博物院

治性会社"，这在晚明时代体现得尤为突出。[1]

晚明的东林党、复社和几社等学问型、文艺型会社，最初都是以讲学、诗歌酬唱和会文为主旨的，然而随着政局的颓败、社会的沉沦，这些读书人最终选择了将结社转变成一种营造社会舆论、抨击黑暗现实的政治策略，他们发出"风声，雨声，读书声，声声入耳；家事，国事，天下事，事事关心"的倡议，在寒宵噩梦一般的晚明社会，挺立了中国知识分子不畏强权、担当正义的铮铮傲骨。

孔尚任依照晚明史事著就的《桃花扇》中写道：东林党人阮大铖背叛同志，投靠"阉党"，做了魏忠贤的孝子贤孙，事败后被革职，寓居南京。他不甘落寞，多次向东林党和复社文人献媚，企图东山再起。没想到他在夫子庙春祭孔子的时候，被复社文人揪住，一顿痛打，后来又试图重金结交侯方域，请他帮忙排解，谁料又遭严词拒绝。1643 年端午节，南京秦淮河畔游人如织，阖城士女都出来赏灯观月。阮大铖唯恐遭遇尴尬，直到半夜三更才敢出来游赏。他的灯船刚驶到贡院门口，就看到了上书"复社会文，闲人免进"的大灯笼，一时大惊失色：

---

[1] 郭绍虞：《明代的文人集团》，《照隅室古典文学论集》上册，上海古籍出版社1983 年版，第 529 页。

了不得，了不得！快歇笙歌，快灭灯火。[1]

阮大铖闻风丧胆，是畏惧复社文人激浊扬清的舆论压力。而文人交游结社，竟能产生如此功效，也就是孟子所说的"至大至刚"的"浩然之气"的人格力量吧！这种崇高、正直、有担当的人格之美，就是孔子所说的"以文会友，以友辅仁"的交友之道的直接显现。

白居易或许料想不到，他所开启的文人结社传统，竟能在历史的舞台上扮演如此重要的角色。他当时组织的"香山九老会"，不过是为了怡老养生的纯粹"娱乐型会社"罢了。史书中说他晚年在东都洛阳：

> 疏沼种树，构石楼香山，凿八节滩，自号"醉吟先生"，为之《传》。暮节惑浮屠道尤甚，至经月不食荤，称"香山居士"。尝与胡杲、吉旼、郑据、刘真、卢真、张浑、狄兼谟、卢贞燕集，皆年高不事者，人慕之，绘为《九老图》。[2]

香山在洛阳城南，是当时著名的佛教圣地。白居易晚年在香山养老，修筑园林池馆，平日与友人对饮、赋诗、谈禅，自得其乐。他在《香山寺二绝》中说：

> 空门寂静老夫闲，伴鸟随云往复还。家酝满瓶书满架，半移生计入香山。
> 爱风岩上攀松盖，恋月潭边坐石棱。且共云泉结缘境，他生当作此山僧。[3]

香山寺环境清幽、景致雅静，是修养身心的好去处。白居易正是看上了这一点，才决计把香山作为安度晚年的居所。他说出了下辈子要

---

[1]孔尚任著，王季思等注：《桃花扇》，人民文学出版社 2011 年版，第 62—63 页。
[2]《新唐书·白居易传》第 14 册，中华书局 1975 年版，第 4304 页。
[3]白居易著，朱金城笺校：《白居易集笺校》第 4 册卷三二，上海古籍出版社 1998 年版，第 2142 页。

272

在香山寺出家的话，或许是史书上说他"惑浮屠道尤甚"的依据。其实，白居易不食荤腥、谈禅宴饮，主要的目的还是想获得"闲适"之乐。会昌五年（公元845年）三月二十一日，74岁的白居易邀请胡杲（89岁）、吉旼（86岁）、郑据（84岁）、刘真（82岁）、卢真（82岁）、张浑（74岁）等人在家中宴饮，终宴赋诗，白居易的诗题尤长："胡、吉、郑、刘、卢、张等六贤，皆多年寿，予亦次焉。偶于弊居合成'尚齿之会'，七老相顾，既醉甚欢。静而思之，此会稀有，因成七言六韵以纪之传好事者。"诗题中的"齿"是年齿、年龄，"尚齿"就是尊老的意思。古语云，人生七十古来稀，在中唐时代，能同时聚集七位古稀老人，确实算是盛事了。白居易在这首诗中还说，"七人五百七十岁，拖紫纡朱垂白须。手里无金莫嗟叹，樽中有酒且欢娱。诗吟两句神还王，饮到三杯气尚粗。嵬峨犯歌教婢拍，婆娑醉舞遣孙扶。"[1]七个老头儿加起来正好570岁，他们都是富贵之人，穿红戴紫，须发皆白，早就把功名利禄看淡了，眼下只求含饴弄孙、颐养天年了。还好他们身体都还算硬朗，吟诗不至于费神，喝几杯酒也还能走得动路。不过喝醉了也无妨，有孙子辈在一旁服侍着呢！

这真是老有所乐！其实狄兼谟、卢贞也参加了这次聚会，只不过他们都未到70岁，所以没有资格进入"七老"。真正的"香山九老会"是在这年夏天，又有两位年纪更长的老头加入，他们是136岁的李元爽和95岁的和尚如满。这就更是百年不遇了，白居易不禁兴致大发，画了一幅《九老图》，把一干老头儿聚众寻乐的场景图绘出来，还写了一首绝句：

> 雪作须眉云作衣，辽东华表鹤双归。当时一鹤犹稀有，何况今逢两令威。[2]

---

[1] 白居易著，朱金城笺校：《白居易集笺校》第4册卷三七，上海古籍出版社1998年版，第2563页。

[2] 白居易：《九老图诗》，朱金城笺校：《白居易集笺校》外集卷上第6册，上海古籍出版社1998年版，第3861页。

因为两个岁数更大的老头的与会，这回白居易的诗就有点儿浪漫色彩了。他们被描述成白衣胜雪、乘云御气的样子。辽东丁令威是传说中得道的仙人，活了一千余岁后，化成仙鹤归来，大概为其他七位稍显年轻的人物带来了更大的信心和期待吧！

"香山九老会"在后世的文人交游中具有典范性的地位。且不说宋代李昉、文彦博等名动天下的名士、高官在年老致仕后也分别组织过"九老会"和"洛阳耆英会"，就连名不见经传的普通人，也纷纷效法白居易，结成怡老社、耆老会，定期举办娱乐活动，享受天年之乐。据统计，只明朝二百余年间，各地涌现出的怡老会社就有近四十例。[1]一向喜欢附庸风雅的乾隆皇帝，更不会错过这一石二鸟的机会，组织过多次"九老会"，一是为了显示自己优雅闲适的文化品位，二是为了装点盛世太平。

娱乐型的会社，除了怡老会外，还有一些以饮食、消夏、避寒、斗鸡、谑谈、弹琴、下棋、旅游等为主题的会社，甚至还有所谓"哭会"与"梦社"：前者是会员一同放声大哭，后者则是相聚解梦！[2]这千奇百怪的兴趣，即使在社会观念和文化形态极为多样的当代，恐怕也会令人耳目一新。

---

[1] 何宗美：《明代怡老诗社综论》，《南开学报（哲学社会科学版）》2002年第3期。
[2] 陈宝良：《中国的社与会》，浙江人民出版社1996年版，第333—341页。

佚名 《香山九老图》宋代

周臣《香山九老图》局部 明代 现藏于天津博物馆

"马疲人倦送诗忙"

　　人生总是聚少离多，宴饮雅集与结社组会虽然是交游之美最集中、最耀眼的表现，但毕竟不是友朋来往的常态。杜甫在乾元二年（公元759 年）自洛阳赴华州（今陕西华县）时，途经奉先县（今陕西蒲城），顺道拜访了一个少年好友。他已年过不惑，正值人生的低谷，此时与多年不见的好友重聚，多少有些感慨：

> 人生不相见，动如参与商。今夕复何夕，共此灯烛光。少壮能几时，鬓发各已苍。访旧半为鬼，惊呼热中肠。焉知二十载，重上君子堂。[1]

　　"参"与"商"是位于西方的参星和东方的商星，它们在天际各据一端，一出一没，永不相见。友人之间动辄阔别经年、音讯杳然，杜甫哪里会想到，能在二十余年后又见到这位卫八先生？他一生潦倒不济，他的至交好友也大多如此，不像白居易等人那么长寿，到了古稀之年还能聚在一起安享天伦，所以这"访旧半为鬼"的感伤尤其强烈。两年前，在秦州（今甘肃天水），他听到消息，说李白受到政治斗争的牵连，被朝廷流放夜郎，内心百感交集，写下了脍炙人口的《天末怀李白》诗：

> 凉风起天末，君子意如何？鸿雁几时到，江湖秋水多。文章憎命达，魑魅喜人过。应共冤魂语，投诗赠汨罗。[2]

---

[1] 杜甫：《赠卫八处士》，仇兆鳌注：《杜诗详注》卷六，中华书局 1979 年版，第512 页。

[2] 杜甫撰，仇兆鳌注：《杜诗详注》卷七，中华书局 1979 年版，第 590—591 页。

李白虽然只是贬谪，但夜郎却是传说中的魑魅魍魉出没之地，见人经过，就会"吞人以益其心"，此去实在凶多吉少。江湖浩渺，远隔千里，鸿雁传书不知要何时才能到达，在这秋风乍起的时节，不知李白境遇如何？他是不是正在汨罗江边吟诗作赋、悼念屈原？杜甫忧心忡忡，又想到他无辜蒙难，忧愤、无奈、绝望、思念、伤感之情一并涌上心头，"文章憎命达"就是这种复杂情绪激荡反复、难以克制而发出的呼号。清人仇兆鳌在点评这首诗时说："说到流离生死，千里关情，真堪声泪交下，此怀人最惨怛者。"[1]"千里关情"，从内涵上说，是醇厚的友谊；从形式上说，就是这一类怀远、赠答的诗作。

在交通、通信极不便利的古典生活情境中，用诗歌这种艺术形式来互通款曲、交流情感，是中国古人在朋辈交游时最常见的方式。所谓"千里关情"，也就是说，在他们的信念中，真诚的情谊能够跨越空间的阻隔，一首短诗、一封书简，足以抚慰"人生不相见"的孤独与落寞。英国汉学家阿瑟·魏理曾概括道，"若说中国诗有半数是描写别离之情，当不为过"[2]；而中国古人在评价唐诗时则说过："唐人好诗，多是征戍、迁谪、行旅、别离之作"[3]。前者偏重"量"，后者侧重于"质"，将这两种说法综合起来，就能对怀远、赠答诗所寄托的款款深情与交游之美有一种轮廓式的印象了。

这些诗作，大都是表现对远在异域的友人的深切怀念，以及对其生活与人生经历和境遇的关切。如唐元和十年（公元815年）六月，宰相武元衡被刺客杀死。白居易上疏奏请缉捕元凶，却被政敌抓住了把柄。他并非谏官，率先言及此事有越权之嫌；又有人诬陷他有伤风化等。于是，一场由宰相被刺的凶杀案引发的关注重点，就从缉凶转移到

[1] 杜甫撰，仇兆鳌注：《杜诗详注》卷七，中华书局1979年版，第591页。

[2] 程章灿：《魏理眼中的中国诗歌史——一个英国汉学家与他的中国诗史研究》，《鲁迅研究月刊》2005年第3期。

[3] 严羽：《沧浪诗话·诗评》，郭绍虞校释：《沧浪诗话校释》，人民文学出版社1961年版，第198页。

如何处置白居易上来，官场的荒诞绝伦与丑恶黑暗可见一斑！白居易先是被贬为刺史，后来又降为江州（今江西九江）司马，这是一个相当于州刺史助理的微末职位。两个月后，身在通州（今四川达州）的元稹得到了这一消息，他的反应是：

> 残灯无焰影幢幢，此夕闻君谪九江。垂死病中惊坐起，
> 暗风吹雨入寒窗。[1]

也是在这一年早些时候，元稹本人身陷政治漩涡，被贬为通州司马。知己好友又罹此祸，不啻雪上加霜，大概没有比"垂死病中惊坐起"这一动作，更能表达此时的震惊、错愕之情了。

此诗不言关切、不语相思，却极尽关切相思之情，局外人尚且不忍卒读，更何况是白居易呢？他收到元稹寄来的诗后，写下了另一首感人至深的酬答之作《舟中读元九诗》：

> 把君诗卷灯前读，诗尽灯残天未明。眼痛灭灯犹暗作，
> 逆风吹浪打船声。[2]

江湖逆旅，长夜孤灯，友人的诗作和书信大概是最好的抚慰了。白居易在风浪颠簸中读完元稹的诗，灯已残、夜已半，唇亡齿寒的忧戚涌上心头，再无一丝睡意。这两首诗来往酬唱，都以写景结句，风浪也好，风雨也好，既是实录，又暗喻二人共同的艰难境遇：此时此刻，形影相吊的孤独与苦闷、感伤与酬唱，似乎也能跨越空间的隔阻，将两人同时笼罩起来。

元白之间这种唇齿相依、休戚与共的伟大友谊，真切地呈现在二

---

[1] 元稹：《闻乐天授江州司马》，杨军笺注：《元稹集编年笺注·诗歌卷》，三秦出版社 2002 年版，第 650 页。

[2] 白居易著，朱金城笺校：《白居易集笺校》卷一五第 2 册，上海古籍出版社 1988 年版，第 947 页。

人所写的数量极为庞大的赠答酬唱诗作中。在如死寂的铁幕般黑暗、沉重的政治生涯中，这伟大的友谊就像元稹窗下、白居易舟中的残灯，虽然影影绰绰，却也是志同道合者们相偎取暖、互相劝勉的支撑性力量。有了这温暖的力量，即使不能避免沉沦，至少也能保持敏锐的现实感受——麻木不仁者，怎能写出具有如此情感和心灵冲击力的作品？

乾隆二十五年（公元 1760 年）十月，两江总督尹继善到苏州处理公务。该总督出身满洲贵族，仰慕中华文化，饱读诗书、才华横溢，十八岁中进士，此后仕途异常顺利，十余年间便一跃成为封疆大吏，可谓平步青云，少年得志。他的学识和才华，在当时的满朝大臣中都堪称翘楚。《清史稿》载，乾隆皇帝最欣赏的三位大臣是李卫、田文镜和鄂尔泰，要尹继善效法他们。尹继善当面回应道：“李卫，臣学其勇，不学其粗；田文镜，臣学其勤，不学其刻；鄂尔泰，宜学处多，然臣亦不学其愎。”从这件小事中，我们大概能看出他的自信与自负。乾隆曾评价他说：“我朝百余年来，满洲科目中惟鄂尔泰与尹继善，为真知学者。”[1]

尹继善生平有一个癖好，那就是好与人诗歌唱和，尤其喜欢叠韵和诗，“每与人角胜，多多益善”。他这次到苏州，遇见了嘉兴人钱陈群。钱陈群是江南辞章才子，诗名满天下，深受乾隆皇帝赏识，经常与他联句作诗。据称他致仕后，乾隆巡幸江南，还屡次召见他，唱和一番。尹、钱二人早就相识，在钱陈群的《香树斋诗集》中，收录过许多他们酬唱赠答的诗篇。二人再度相遇，必然有赓和之作。喜欢叠韵争胜的尹继善与深谙诗法的钱陈群，可谓棋逢对手。

据袁枚的《随园诗话》记载，二人“和诗至十余次，一时材官慊从，为送两家诗，至于马疲人倦”。摊上这样喜好唱和的主人，真是仆人之大不幸！这还不算，钱陈群离开苏州后，尹继善又寄一首诗，让人追到吴江继续邀战。钱陈群精疲力竭，情急之下，只好乞降：

---

[1]《清史稿·尹继善传》第 35 册，中华书局 1977 年版，第 10549 页。

岁事匆匆，实不能再和矣！愿公遍告同人，说香树老子，战败于吴江道上。何如？[1]

钱陈群号香树居士，翻阅他的《香树斋诗集》和《续集》，我们会发现其中大部分诗篇都是唱和之作，有许多组唱和诗数量都在二十首以上，应该是此道的行家里手，为何遇见尹继善后，区区十余个会合，就令他鸣金收兵了呢？

钱陈群在这次的唱和诗中写道：

卅年刘井旧相与，命驾过从邀一眽。纷披各出游山篇，百琲珠玑霏馨欬……熙时令仆存老成，别裁阴何去雕缋。每逢险韵安妥帖，如请麻姑爬痒背。[2]

这是说他与尹继善是四十多年的老相识了，此次苏州相逢，各自拿出吟咏山川风物的诗篇出来切磋。尹继善的诗作咳唾珠玑，令人拍案叫绝。他作诗不追求辞藻华丽、雕缋满眼，而是巧妙用韵，每每押险韵，也就是不常见的韵脚。钱陈群经常应付的，是乾隆皇帝那样自命有才、实际上艺术造诣平庸的人，碰着尹继善这样的高手，自然十分吃力。

钱氏甘拜下风，尹继善虽然得意扬扬，却也有些不尽兴。这时，另一位后进才子袁枚加入战局。他来到苏州，看见钱陈群的信札，技痒难忍，赋诗一首，其中有一句说"秋容老圃无衰色，诗律吴江有败兵"。尹继善竟真的把战败钱香树作为谈资，大肆宣扬开来，谁知也身陷战阵，不能脱身。袁枚记载道，尹继善大喜，"又与枚叠和不休"。二人叠韵押"兵"字，尹诗有"消寒须用美人兵""莫向床头笑曳兵"等句，

---

[1] 袁枚著，顾学颉校点：《随园诗话》卷一，人民文学出版社 1982 年版，第 5—6 页。
[2] 钱陈群：《元长节相绳庵司农以鞠訥来浙公余流览湖山归舟来访作诗见投盛称武林之胜次韵为报》，《香树斋诗续集》卷六，《四库未收书辑刊》第九辑第 18 册，北京出版社 1997 年影印本，第 428 页。

调侃刚刚纳妾的袁枚。

　　这就形成了古人的交游之美，真乃千里关情也！

黄慎《捧梅图》清代 现藏于辽宁省博物馆

第九章

从『造景天然』到『园圃之美』

园日涉以成趣，门虽设而常关。策扶老以流憩，时矫首而遐观。

——陶渊明《归去来兮辞》

水能性淡为吾友，竹解心虚即我师。

——白居易《池上竹下作》

园悦目者也，亦藏身者也。人寿百年，悦吾目不离乎四时者是，藏吾身不离乎行坐者是。

——袁枚《随园记》

"赏心乐事谁家院"？

才子崔护游都城长安城南庄，偶然瞥见桃花阵里某个少女的嫣然一笑，便念兹在兹不能忘怀。一年之后还要专程跑去猎艳，不果，写了一首让人读后跟他一起怅惘不已的诗：

> 去年今日此门中，人面桃花相映红。人面不知何处去，桃花依旧笑春风。[1]

不甘心的读者还要煞费苦心，编织出更为凄恻缠绵的故事，让那女子"死去活来"："死"是女子读了崔护的诗，害上相思病，一命呜呼；"活"是崔护抱尸痛哭，感动上苍，让这对只有一面之缘的"有情人"终成眷属。

佳人杜丽娘读《诗经》"窈窕淑女，君子好逑"，芳心乱颤，无法静心读书。偶然想起去后花园消遣破闷。谁知那无限春光，竟惹得她越发烦愁：

> 原来姹紫嫣红开遍，似这般都付与断井颓垣。良辰美景奈何天，赏心乐事谁家院。朝飞暮卷，云霞翠轩。雨丝风片，烟波画船，锦屏人忒看的这韶光贱！[2]

花开花谢，本是自然，可怀春的少女却触景生情、顾影自怜：春

---

[1] 孟棨：《本事诗·情感》，《丛书集成》本，商务印书馆 1939 年版，第 6—7 页。
[2] 汤显祖著，钱南扬校点：《牡丹亭》，《汤显祖戏曲集》上册，上海古籍出版社 2010 年版，第 268 页。

光易逝、花时苦短，隐没在荒凉之地无人欣赏，不就像自己这花容月貌吗？杜丽娘意乱情迷，靠在书桌上睡了一觉，就看到一个手持一把柳条儿的俊俏少年翩翩而来……

有心的读者自然能发现，这两次"偶然"的发生何其相似，都缘自"游园"。

"游"是时机，是放松警惕、心扉洞开的闲逛，这样才能捕捉到稍纵即逝的片刻，才能容得下偶然的际会扎进心头。

"园"是空间，是日常生活、凡俗世界的法外之地，这里才会使人忘掉"男女授受不亲"的清规戒律。

中国人最早造园林，就是要在现实生活中格外开辟出一方自由的、浪漫的天地。《尚书》中说周文王告诫子孙"其无淫于观、于逸、于游、于田"[1]，也就是说，不要沉溺于观赏美景、享受安逸、遨游打猎。然而，景还是要看、乐还是要寻、猎还是要打，否则还有什么意思？怎么办？筑园子，划一片地，四周用垣墙圈起来，里面放养禽兽、种植果蔬、凿池筑台，由专人打理，这就是最初的园林——囿。[2]

囿的出现，为天子和贵族提供了专属的娱乐、休闲空间。《史记》中说商纣王有鹿台和沙丘两处苑台，他大肆聚敛，搜罗了许多"狗马奇物""野兽蜚鸟"充斥其间，还在沙丘"以酒为池，县（悬）肉为林，使男女倮（裸），相逐其间，为长夜之欢"[3]。

《诗经》中则说老百姓们感念周文王之德政，看他为国操劳，实在于心不忍，心急如焚地给他修筑了一处休闲放松的园林——灵台：

王在灵囿，麀鹿攸伏。
麀鹿濯濯，白鸟翯翯。

[1] 阮元校刻：《十三经注疏》上册，上海古籍出版社 2007 年影印本，第 222 页。

[2] 周维权：《中国古典园林史》，清华大学出版社 1993 年版，第 20—21 页。

[3] 司马迁：《史记·殷本纪》第 1 册，中华书局 1963 年版，第 105 页。

王在灵沼，于牣鱼跃。[1]

同样是皇家园林，商纣王的鹿台和沙丘被描述成阴森、恐怖、污秽之地，周文王的灵台却是明媚、秀美、丰泽的处所，就连里面的母鹿都温顺可爱，飞鸟光泽靓丽，鱼儿泼剌跳跃……一派生机勃勃的景象！

孟子说，文王与民同乐，他的灵台"刍荛者往焉，雉兔者往焉，与民同之"[2]，砍柴割草的去得，抓野兔打野鸡的也去得，简直就是一处"公园"。

其实，不管是私密的、专属的，还是开放的、公共的，园林都是追逐"赏心乐事"之地。其差别仅在于"独享"还是"共享"，"独乐"还是"众乐"。这赏心乐事并不一定引出浪漫的故事，却为浪漫故事的发生提供了必要的空间。

《诗经》里的恋歌有一个共同的模式："恋爱＋春天＋水边"。上古时候，人们于仲春二三月万物萌动时，在水边祭祀生子之神"高禖"，会合男女，"奔者不禁"[3]。到了后来，祭祀"高禖"逐渐趋于形式化，仲春之月的"上巳"，演化成了一个狂欢的节日，士女游春，不避男女。上古歌谣中所谓的"桑间濮上"，就是这一传统的写照。

等到后世，随着园林的增多、开放，游春的士人和女子就转移了阵地，集中涌向那些景致秀美的园林或佛寺道观。南北朝时期，佛教风靡中华，大江南北，遍布梵宫琳宇，杜牧在《江南春》中说，"南朝

---

[1]《诗经·大雅·灵台》，高亨：《诗经今注》，上海古籍出版社 1980 年版，第393—394 页。

[2] 孟子：《孟子·梁惠王下》，朱熹：《四书章句集注》，中华书局 2003 年版，第214 页。

[3] 孙作云：《〈诗经〉恋歌发微》，《孙作云文集·〈诗经〉研究》，河南大学出版社2003 年版，第 288 页、第 302 页。

四百八十寺，多少楼台烟雨中"[1]，足见一时盛况；北朝也不例外，如据北魏杨衒之记载，西晋时期，仅洛阳一地，就有佛寺四十二所，而到了北朝时，"招提栉比，宝塔骈罗"[2]，简直无法计数了。当时游春的盛况是"雷车接轸，羽盖成阴。或置酒林泉，题诗花圃，折藕浮瓜，以为兴适"[3]。到了四月初八佛诞日那一天，场面更为宏阔：

> 京师士女，多至河间寺。观其廊庑绮丽，无不叹息，以为蓬莱仙室，亦不是过。入其后园，见沟渎蹇产，石磴礁嶢，朱荷出池，绿萍浮水，飞梁跨阁，高树出云，咸皆唧唧，虽梁王兔苑，想之不如也。[4]

不能否认，佛诞日那一天，涌进河间寺的人中有大量虔诚的信徒，但这些青年男女，显然是来"随喜"闲逛寻乐子的。到了唐代，赏花风气弥漫一时，"若待上林花似锦，出门俱是看花人"，那些名园、佛刹就更成了游春胜地。

也只有在此时、此地，崔护目睹了"人面桃花相映红"的惊艳，张生觑见了"未语人前先腼腆，樱桃红绽，玉粳白露""只教人眼花缭乱口难言，魂灵儿飞在半天"的崔莺莺，待她樱唇轻启、珠圆玉润，禁不住失声大叫：

> 我死也！[5]

[1] 杜牧著，冯集梧注：《樊川诗集注》，上海古籍出版社1978年版，第201页。
[2] 杨衒之著，杨勇校：《洛阳伽蓝记校笺》，中华书局2006年版，第1页。
[3] 杨衒之著，杨勇校：《洛阳伽蓝记校笺》，中华书局2006年版，第174页。
[4] 杨衒之著，杨勇校：《洛阳伽蓝记校笺》，中华书局2006年版，第179—180页。
[5] 王实甫著，王季思校注：《西厢记》，上海古籍出版社1978年版，第8页。

园林里发生的不只是才子佳人一见钟情、私订终身、终成眷属的浪漫故事，还有惨淡凄切、缠绵悱恻的爱情悲剧。陆游到沈园春游，邂逅前妻唐婉，二人本来举案齐眉、情深似海，无奈陆母跋扈，婆媳失和，只好出妻。此时，唐婉已作他人妇，陆游感伤不已，在沈园粉壁上题下一阕《钗头凤》。唐婉依韵和了一首，述往思今，目断魂销，不久便郁郁而死。多少年后，陆游故地重游，睹物思人，耿耿于怀，写下了情思哀戚的《沈园》诗：

> 城上斜阳画角哀，沈园非复旧池台。伤心桥下春波绿，曾是惊鸿照影来。[1]

何意百炼钢，化为绕指柔。高呼"丈夫要为国平胡，俗子岂识吾所寓"的陆放翁，竟也有深情缱绻的一面……

可以说，没有了园林，中国人的生活史就会出现巨大的缺憾，中国文化的浪漫氛围，也会失色不少。园林是我们熟知的凡俗世界中的一块"异域"，滋润着枯燥的日常生活，为传统中国人获得完整、丰富的人生体验提供了乐土。

---

[1] 钱仲联：《剑南诗稿校注》卷三十八，上海古籍出版社 1985 年版，第 2478 页。

回归自然的冲动

最早的园林——囿，是古代帝王和贵族专属的狩猎和纵乐的空间。以帝王之尊，自然不需要亲自猎取肉食，他们举行狩猎活动，目的无非有二：展示和炫耀武力，威慑诸侯和被统治者；享受驰骋纵横和猎取野兽的乐趣。第一个目的比较容易理解，统治总是建立在武力征服的基础之上，为了巩固统治，适时地展示、演练一下武力是必要的。第二个目的似乎也不成问题，我们都知道纵横驰骋和打猎能带来极大的欢娱。问题的关键在于，为何纵横驰骋和猎取野兽能给人带来欢乐？

先秦时期，思想界曾经展开过一场声势浩大的有关人性的讨论，我们至今耳熟能详的是孟子的"性善论"和荀子的"性恶论"，以及《孟子》中所引用的告子的一句话：

> 食色，性也。[1]

追求食物和异性，是人天然的本性和根深蒂固的原始冲动，这无需过多解释，田猎为何能给人带来欢乐？答案或许就在这里。纵横驰骋和猎取野兽，是人的本性欲望和原始生命力的释放。在速度、激情与杀戮的行为中，人潜意识中的本性欲望和原始冲动得到了满足。在组织化、社会化和文明化的水平已经很高的商周时代，自然不允许人肆无忌惮地释放这种本性欲望和冲动，即便他是最高的统治者。于是豢养着猎物、种植着茂密的林木的范围，就被创造出来。再看人的另一本性，"色"。商纣作酒池肉林，使男女赤身裸体，"相逐其间，为长夜之欢"，不正是人之原始本性的充分显现吗？

---

[1] 孟子:《孟子·告子上》，朱熹:《四书章句集注》，中华书局 2007 年版，第 326 页。

从这种意义上说，最早的园林构成了一个私密的、专属的，用以满足人的原始欲求的空间。在这里，拥有者可以暂时搁置世间礼法和道德的约束，尽情释放他的原始冲动。造园是为了回归自然，而这自然，所指向的是人本性中的原始欲望和冲动。

然而，如果纯粹是为了回归"食色"的自然，园林中也就无需大兴土木，搜罗奇花异石、珍禽异兽了。这就不得不说到人的审美天性及其对自然风物的依赖。

人是自然的产物，根底里深藏着与自然共呼吸的基因，正如梁宗岱所说：

> 我们发见我们的情感和情感的初苗与长成，开放与凋谢，隐潜与显露，一句话说罢，我们的最隐秘和最深沉的灵境都是与时节、景色和气候很密切地互相缠结的。一线阳光，一片飞花，空气的最轻微的动荡，和我们眼前无量数的重大或幽微的事物与现象，无不时时刻刻在影响我们的精神生活，及提醒我们和宇宙的关系，使我们确认我们只是大自然的交响乐里的一个音波……[1]

读过这段话，我们就能明白为何陶渊明"性本爱丘山"的自我表白，会在中国文人群体中引发如此强烈的共鸣和回应了。人本来就生活在一草一木、一山一水之间，本是自然生态链中的一个有机环节。等到人类文明自成体系，逐渐从自然生态链中剥离出来后，就形成了遵循另一种运行机制和模式的人类共同体，或曰"人类社会"。一旦人在这种运行机制中遭遇挫折、难以适应，或者暂时脱离社会组织，回到辽阔的自然环境中，潜意识中的原始记忆就会浮现出来，召唤着人们"回归自

---

[1] 梁宗岱著，马海甸主编：《梁宗岱文集·评论卷》，中央编译出版社 2003 年版，第 74—75 页。

然"。且看南朝吴均的美文《与朱元思书》中对自然美景的刻绘：

> 风烟俱净，天山共色，从流飘荡，任意东西。自富阳至桐庐，一百许里，奇山异水，天下独绝。水皆缥碧，千丈见底，游鱼细石，直视无碍。急湍甚箭，猛浪若奔，夹岸高山，皆生寒树。负势竞上，互相轩邈，争高直指，千百成峰。泉水激石，泠泠作响。好鸟相鸣，嘤嘤成韵。蝉则千转不穷，猿则百叫无绝。鸢飞戾天者，望峰息心；经纶世务者，窥谷忘反。横柯上蔽，在昼犹昏；疏条交映，有时见日。[1]

这段景物描绘的视角以人物为中心，远观俯察，目光所及之处，皆极尽秀逸之态。文中说，"鸢飞戾天者，望峰息心；经纶世务者，窥谷忘反"，这"息心"与"忘反"的原因是什么？是对自然一花一草、禽鱼鸟兽的亲近感。《世说新语》中说：

> 简文入华林园，顾谓左右曰："会心处不必在远。翳然林水，便自有濠濮间想也，觉鸟兽禽鱼自来亲人。"[2]

"濠濮间想"所用的是《庄子·秋水》篇的两个典故：其一，庄子与惠施观鱼濠水，看到"鲦鱼出游从容"，体会到自由自在的乐趣；其二，庄子在濮水边垂钓，楚王派使者来请他做官，庄子问来人："我听说楚国有一只神龟，已经死了三千年了。楚王把它供奉在庙堂之上。对于这龟来说，它是愿意死了之后获得尊崇高贵的祀奉，还是愿意活着，摇着尾巴自由自在地在泥水里爬？"[3]庄子本人跳出了人为的社会和文

---

[1] 欧阳询著，汪绍楹校：《艺文类聚》卷七，上海古籍出版社 1985 年版，第 129—130 页。

[2] 刘义庆著，徐震堮校笺：《世说新语校笺》上册，中华书局 2004 年版，第 67 页。

[3] 陈鼓应：《庄子今注今译》上册，商务印书馆 2007 年版，第 510 页。

化的桎梏，回到了更为广阔自由的自然的怀抱。但对于那些没有如此坚定的决心和勇气的人而言，他们只能停留在"心向往之"的层面，这就是"濠濮间想"。

简文帝之所以能"会心山水"，就在于他的生命、情感和意识中潜存着自然的编码，一旦与自然相遇，便会被激活，所以有"濠濮间想"。然而，他和大部分人一样，又没有勇气与世俗社会决裂，彻底回归自然，与自然一同呼吸，体会自己融入自然之无限的乐趣。身陷这两难境地，又如何是好？

修筑园林，建造一个具体而微的、触手可及的自然！在园林中叠石造山、植木为林、凿地为池，遍种佳木名卉，广畜珍禽异兽，把田猎、女色、歌舞、美酒等全部带进来，充分享受"回归自然"的乐趣。当然，这种"自然之乐"，掺杂了人之本性中物质性的原始欲望和情感、审美的渴求。

也正因此，"造景天然"成为历代园林修造中不可移易的"第一法则"——如果造出来的园林与自然不类，那岂不有悖于回归自然的初衷？

造景天然：中国园林的自然之趣

"造景天然"堪称中国园林艺术的最高法则。"造景"暗示了园林景致依赖于人力的土木之功，而"天然"则表明了其艺术的趣味和境界追求。明代造园大师计成在《园冶》中有一句话，说造园最好选在山林地，那样就能：

> 自成天然之趣，不烦人事之功。[1]

这显然是说，人为的造园活动只有师法自然、显现出"天然之趣"才算尽善尽美。如果露出斧凿与堆砌的痕迹，那就是彻头彻尾的败笔了。《红楼梦》里写道，贾府为迎接元妃省亲，兴建大观园。园子落成后，贾政带着宝玉和一群清客帮闲，在园中题匾额、拟对联，行至"稻香村"，看到里面"纸窗木榻，富贵气象一洗皆尽"，老学究贾政心中甚是欢喜，众清客极力附和，宝玉却对这清幽景象大肆批评：

> 此处置一田庄，分明见得人力穿凿扭捏而成。远无邻村，近不负郭，背山山无脉，临水水无源，高无隐寺之塔，下无通市之桥，峭然孤出，似非大观。争似先处有自然之理，得自然之气，虽种竹引泉，亦不伤于穿凿。古人云"天然画图"四字，正畏非其地而强为地，非其山而强为山，虽百般精巧而终不相宜。[2]

---

[1] 计成：《园冶·相地》，张家骥：《园冶全释》，山西古籍出版社 2002 年版，第179 页。

[2] 曹雪芹：《脂砚斋批评本红楼梦》上册，凤凰出版社 2010 年版，第 131 页。

宝玉认为，大观园是元妃省亲别院，气象以富贵庄重为重，其中硬生生植入一处拙朴的田舍，未免突兀，与整体的环境不和谐。他这番议论中所说的"天然"，意思虽然极为简单明了，"'天然'者，天之自然而有，非人力之所成也"，但要真正做到"有自然之理，得自然之气"，却并不容易。造园之大忌就是"非其地而强为地，非其山而强为山"，也就是说，造园的第一要务，是要因地制宜，根据选址的整体环境进行设计。

古人常说，"园林巧遇因借，精在体宜"，其中的"因"，就是因地制宜。这是"造景"而得天然之妙的先决条件。《园冶》中有"相地"一节，专门讨论因地制宜的方法。作者把园林选址的环境分为山林地、城市地、村庄地、郊野地、傍宅地、江湖地等六种，详细介绍了每一环境中的园林设计规划方法。在这一节的总论中，他说：

> 园基不拘方向，地势自有高低；涉门成趣，得景随形，或傍山林，欲通河沼。探奇近郭，远来往之通衢；选胜落村，藉参差之深树。村庄眺野，城市便家。[1]

这是说园林的选址、地基在方向、地势上并没有绝对的限制，最重要的是让人走进去之后，能感受到山林的趣味；置身其中，移步换景，在不同的视点获取不同的景观体验。有的园林以山林趣味见长，有的则以水景取胜。离城市比较近的，至少要远离交通要道，才能有奇幽之韵；如果在乡村造园，就要全凭高低参差的树木来营造氛围了。乡村造园适宜在视野开阔的地方兴造，城市则要考虑到住家的方便。这只是宏观的议论，具体到园林设计，该怎么做呢？

计成说："如方如圆，似扁似曲，如长弯而环璧，似偏阔而铺云。高方欲就亭台，低凹可开池沼。"也就是说，园林的形状，要根据地形

---

[1] 张家骥：《园冶全释》，山西古籍出版社 2002 年版，第 175 页。

本来的面目，方者顺其方，圆者就其圆，扁与曲也要一仍其旧，力求做到天然之妙。如果园地狭长而弯曲，就设计成回环的玉璧之形；如果开阔而有坡度，就要层层堆叠，营造出铺云叠落的效果；地势高的地方不要铲平，而是修筑亭台，以增加它的气势；地势低洼处，也用不着填平，因为它更适合开凿池沼，那样能显得更加深邃……清代中叶，乾隆皇帝六次南巡。江浙一带的地方官吏为了点缀升平，营造繁华富庶的"盛世景观"，大兴土木，修造了大量的离宫别院和名园胜景。扬州城瞬间华丽变身，成为名园荟萃之地，"水则洋洋然回渊九折矣；山则峨峨然陷约横斜矣；树则焚槎发等，桃梅铺纷矣；苑落则鳞罗布列，闇然阴闭而雪然阳开矣。"[1]也就是说，城内开凿了蜿蜒曲折的人工河，堆叠了嵯峨参差的假山，种植了奇花异木，大量的园林星罗棋布，相映生姿，成了宜居的花园城市。

在这一波盛大的造园风潮中，最能体现因地制宜、"得景随形"的造园理念的，莫过于瘦西湖园林群了。瘦西湖原名保障河，是扬州旧城北门外的一段古护城河河道。河道原本曲折蜿蜒、纵横交错，中间分布着星星点点的小岛。当地官员聘请了许多造园高手进行设计，在原来的河道基础上加以开凿、疏浚，利用一系列的小岛，把河道隔成许多大小不等的湖面。沿湖植柳种树，依照地势兴建了大量的桥梁和建筑。在新北门桥以西的一段河道，河面宽阔，中间浮出一道狭长的岛屿，围绕这段湖面，修建了"卷石洞天"，主要景致以怪石、老树为主。"卷石洞天"往西，是扬州城的西南角，东西与南北流向的河道在此地交汇，形成一个"丁"字形河口，便在这里修建了"西园曲水"。"西园曲水"西、南两面临水，便以水为主体，种植了大量的荷花和柳树，沿岸修有码头、濯清堂、水明楼等建筑；远离水岸的东北角，则依势堆叠，筑成假山，修建厅堂，形成负山抱水、居高临下的独特景观。"西园曲

[1] 袁枚：《扬州画舫录序》，李斗著，汪北平、涂雨公点校：《扬州画舫录》，中华书局 2007 年版，第 9 页。

水"对面、河道西岸，原本是文人名士游览聚会之地，为充分发挥这一人文景观，在这里修建了蜿蜒曲折的回廊，美其名曰"冶春诗社"，并筑有"秋思山房""歌谱亭"等以应景；"冶春诗社"再往南，是一段更为开阔的河道，河中有一个长岛和两个小岛，这里适合泛舟游览，便在长岛上兴建了"虹桥修禊"，在长岛对面西岸建起"柳湖春泛"，这两个景点，合起来称为"倚虹园"。"卷石洞天""西园曲水""冶春诗社"和"倚虹园"各具特色，又互相映衬，构成了一个以"丁"字形河道为中心的园林群[1]。它们或以怪石古木取胜，或以人造建筑擅场，或重在山林野趣，或凸显人文传统，充分体现了中国园林师法自然的妙趣。

造景天然，不仅要求园林的整体设计与周围环境相协调，而且在具体的景观营造上，讲究仿自然之道，力求"逼真"。中国传统园林的景观布局，几乎从不遵循方方正正、中规中矩的几何原理，而是错落参差、聚散迁回，"复制"造物本来的面貌，它所遵循的主要是自然的、感性的和审美的趣味。李渔在《闲情偶寄》中说：

> 幽斋磊石，原非得已。不能致身岩下，与木石居，故以一卷代山，一勺代水，所谓无聊之极思也。然能变城市为山林，招飞来峰使居平地，自是神仙妙术，假手于人以示奇者也，不得以小技目之。且磊石成山，另是一种学问，别是一番智巧。[2]

这话说得极妙！兴造园林，本来就是人想回归自然而又回不去的权宜折中之计，所以只能依照自然山水、林木的样子依葫芦画瓢，"以一卷代山，一勺代水"。这道出了中国园林的本质所在：以小见大、以人工见自然，在具体而微的景致中映射出天地自然、春秋四时的美景和

---

[1] 这段关于瘦西湖园林集群的描述，参见周维权：《中国古典园林史》，清华大学出版社 1993 年版，第 267—272 页。

[2] 李渔著，单锦珩点校：《闲情偶寄》卷四，浙江古籍出版社 2010 年版，第 195 页。

妙理。

　　园林选址与整体设计因地制宜、与环境相协调，景观布局以小见大、以人工见自然，与具体的景物营造要"逼真"、不露补缀穿凿的痕迹，构成了中国园林"造景天然"之趣的三个层面。只有这三者均做到师法自然，才能罗天地四时消息于案头，供我呼吸；致万物自然景观于眼前，任我遨游。

"使大地焕然改观"：人工智巧

如同李渔所说，造园虽崇尚自然之趣，但园林毕竟是人造的自然，这就需要专门的"学问"和"智巧"了，因而也就出现了一批造园专家，前面提到的计成和李渔就是其中的佼佼者。明末郑元勋在计成的《园冶题词》中说：

> 予与无否（计成字）交最久，常以剩水残山，不足穷其底蕴，妄欲罗十岳为一区，驱五丁为众役，悉致琪花瑶草，古木仙禽，供其点缀，使大地焕然改观，是一快事，恨无此大主人耳！[1]

他认为计成的才华和能力超凡脱俗，凭借一般的园林不足以充分展现。如果能把天下名山作为造园原料，让神话传说中的五个大力神作为劳力供其驱使，再把仙境中的奇花异草、古树禽鸟拿来，让计成任意发挥，那整个天下都会为之焕然一新！

山河就在那里，虽然搬不动、运不走，却可以"借"来，这就是传统造园中最具人工智巧的一种智慧和方法——借景。借景是园林和建筑修造中充分调用周围环境因素，来拓展景观和空间视野的方法。园林的空间是有限的，相对而言，人的视野就开阔了许多，如果在园林景观设计时能以人的视点为中心，把远处目见可及的景观也容纳进来，这样就能收到从局部见整体、以有限的空间营造无限的景致的审美效果。计成尤其看重借景在造园中的作用，他说：

---

[1] 张家骥：《园冶全释》，山西古籍出版社 2002 年版，第 143 页。

夫借景，林园之最要者也。如远借，邻借，仰借，俯借，应时而借。然物情所逗，目寄心期，似意在笔先，庶几描写之尽哉。[1]

　　远借是由近处眺望远处，邻借是由此及彼环顾四周，仰借与俯借是根据自身所处的地势高低从下望上或居高俯瞰，应时而借则是根据四时环境的更迭来借景。计成认为借景是最重要的造园方法，要将这一方法付诸实践，须得对周围的自然和人文环境、景观成竹在胸才行。

　　计成所总结借景方法，是中国人在两千余年的造园实践中逐渐生成、积淀起来的智慧。在这一方面，越是穷困潦倒的造园者，越能将这一智慧发挥得淋漓尽致。唐肃宗上元元年（公元760年），也就是杜甫举家避乱成都的第二年，一开春，他就借助于亲友的资助，在成都西郊的浣花溪畔营建了一处草堂。浣花溪风景秀美，水木清华，远远望去，一道澄江"纤秀长曲，所见如连环、如玦、如带、如规、如钩、色如鉴、如琅玕、如绿沉瓜，窈然深碧"[2]。杜甫饱经离乱，此刻终于找到一个安稳的落脚处，草堂落成时，他喜不自胜，写了一首《堂成》诗，诗中说草堂"背郭堂成荫白茅，缘江路熟俯青郊。桤林碍日吟风叶，笼竹和烟滴露梢。暂止飞乌将数子，频来语燕定新巢"[3]。看来草堂是依山而建，背负青山，前临碧水，草木葱茏，鸟语花香。然而，杜甫毕竟是流离失所的逃难之人，他建草堂，资金全凭亲友资助，所需的花木、家什也都是靠四处乞讨，草堂必定是极为简陋的。[4]这就要充分发挥周围自然环境的作用了。他有一首脍炙人口的《绝句》诗，就透露出了借景的智慧：

[1] 张家骥：《园冶全释》，山西古籍出版社2002年版，第326页。

[2] 钟惺：《浣花溪记》，王水照主编：《中国历代古文精选》上册，东方出版中心1997年版，第251页。

[3] 杜甫撰，仇兆鳌注：《杜诗详注》卷九，中华书局1999年版，第735页。

[4] 陈贻焮：《杜甫评传（第二版）》中册，北京大学出版社2011年版，第503—504页。

两个黄鹂鸣翠柳，一行白鹭上青天。窗含西岭千秋雪，
门泊东吴万里船。[1]

四句诗，以草堂为视点中心，仰观俯察，分别刻绘了高低、远近
的四景：近处浣花溪畔的翠柳上莺歌燕舞，天际一行白鹭直冲云霄，西
岭终年不化的积雪镶嵌在窗棂中，门外的码头停靠着来自东吴的船只。
伴随着诗人视线的转移，远近高低的自然和人文景观都化作草堂的一部
分，用来装点这简陋的茅草房。正如宗白华先生所说，"中国诗人多爱
从窗户庭阶，词人尤爱从帘、屏、栏杆、镜以吐纳世界景物"，这是一
种"网罗天地于门户，饮吸山川于胸怀的空间意识"[2]。在这种空间意
识引导下，世界景物都能为我所用，愉悦我的情志、装饰我的生活，成
为我日常起居的一部分。谢灵运在营建他的山居别墅时说：

抗北顶以葺馆，瞰南山以启轩，罗曾崖于户里，列镜澜
于窗前。因丹霞以赪楣，附碧云以翠椽。[3]

谢灵运是中国山水诗艺术的奠基者，他出身望族，是东晋名士谢玄
的孙子。据说谢灵运胸怀天下之志，却找不到一试身手的机会，宋文帝
每次召见他，都不谈国事，只谈风月鉴赏，这虽然是他擅长的，但这种
待遇，无异于倡优犬马，只是帮闲罢了。谢灵运极度愤懑，又无从发泄，
转而寄情山水，修筑园林。他的山居别墅充分展示出其在审美方面的天
赋：山居坐北朝南，正对着北面的秀峰山修葺房舍，南面是低昂的群峰，
开门能看到层叠的翠峦，窗外是明镜般平静光洁的湖水，模仿落霞的颜
色粉饰门楣，参照周围的绿树和云彩，把椽子漆成碧绿。从这段描述来

---

[1] 杜甫撰，仇兆鳌注：《杜诗详注》卷一三，中华书局 1999 年版，第 1143 页。
[2] 宗白华：《中国诗画中所表现的空间意识》，《意境》，安徽教育出版社 2005 年版，
第 47 页。
[3] 谢灵运：《山居赋》，《宋书·谢灵运传》第 6 册，中华书局 1974 年版，第 1766 页。

看，谢灵运修造山居别墅时，既在整体上充分考量环境的因素，力求人工建筑与环境相和谐，又在细节设计上突出了吐纳山川、借景娱目。

这就是园林设计中的"天人合一"之学。李渔曾说过，造园的最高境界是"随举一石，颠倒置之，无不苍古成文，迂回入画，此正造物之巧于示奇也"。也就是说，园林带给人的审美惊奇和愉悦，只有符合"造物"即自然本身的意趣而不露人工痕迹，才是真美，才具有真正的诗情画意。然而，这种自然意趣背后，却隐含着造园者的才情和智巧，并不是轻易之举。他说，造园的技术，也有工拙、雅俗之分，全凭设计者的一双慧眼，一段闲情：

> 一花一石，位置得宜，主人神情见乎此矣。[1]

"位置"需要经营，经营就得靠才情和智慧了。李渔自称是借景高手，他设计过一款借景窗——便面。便面就是扇子，李渔将画舫游船的窗子设计成扇形，用木作框，蒙上透明的纱布，镶嵌在游船的两翼。乘坐这样的船只游览山水时，"两岸之湖光山色，寺观浮屠，云烟竹树，以及往来之樵人牧竖，醉翁游女，连人带马，尽入便面之中，作我天然图画"。更妙的是，随着船只的游走，这些"天然图画"便会"时时变幻，不为一定之形"，不仅行舟时有移步换景之妙，即使稍稍调转角度，就会有新的景观浮现。这样，一天之中，大概能看到"百千万幅佳山佳水"[2]！

---

[1] 李渔著，单锦珩点校：《闲情偶寄》卷四，浙江古籍出版社 2010 年版，第 196 页。
[2] 李渔著，单锦珩点校：《闲情偶寄》卷四，浙江古籍出版社 2010 年版，第 170 页。

园林与山水画

　　自然之美构成了中国园林的境界追求，是造园之"道"，而人工智巧则是实现自然美景的途径，是造园之"艺"。在造园的"艺"与"道"之间，横亘着一座过渡的津梁，那就是中国传统的山水画。中国古代的著名造园高手，有许多都擅长绘画，有的本身就是著名的山水画家，如谢灵运、阎立德、王维、白居易、俞征、倪瓒、文震亨、计成、顾仲瑛、李长蘅、王世贞等。[1] 这并非巧合，而是因为山水画与造园，都是再现自然的艺术，山水画是在纸上重现胸中的山水与自然之趣，而造园则是将它付诸物质实体。从某种意义上说，山水画乃是造园艺术的蓝本。计成在《园冶》的自序中说过：

　　　　不佞少以绘名，性好搜奇，最喜关仝、荆浩笔意，每宗之。游燕及楚，中岁归吴，择居润州。环润皆佳山水，润之好事者，取石巧者置竹木间为假山，予偶观之，为发一笑。或问曰："何笑？"予曰："世所闻有真斯有假，胡不假真山形，而假迎勾芒者之拳磊乎？"或曰："君能之乎？"遂偶为成"壁"，睹观者俱称："俨然佳山也！"遂播闻于远近。[2]

　　这是一代造园大师的自述。他说自己少年的时候就以绘画驰名，性情喜好游山玩水，搜奇寻胜，最倾慕的是关仝和荆浩的山水画。荆、关是五代时人，中国艺术史上著名的山水画家，他们的山水画以气势浑厚、构图丰满著称。计成先是到北方和楚地游历，后来回到吴地，在润

---

[1] 马千里：《中国造园艺术泛论》，詹氏书局 1985 年版，第 131—133 页。

[2] 张家骥：《园冶全释》，山西古籍出版社 2002 年版，第 154 页。

州（今镇江）安家。镇江山清水秀，风景极佳，许多当地人却不懂得欣赏，常常用一些奇形怪状的石头，在花木间堆积假山。计成看后常常哑然失笑。别人问他为何发笑，他回答说："这世界上正是因为有'真'，才有所谓'假'，既然造'假山'，为何不摹仿'真山'，却仿照祭祀春神勾芒时所垒的石堆呢？"他偶然间露了一手，用石头堆叠了一座壁山，几可乱真，大受称赞，于是声名鹊起。从这段自白来看，计成造园，实际上是从山水画中获得的智慧和方法。

叶圣陶先生说过，中国园林的共同点和一直追求在于，"务必使游览者无论站在哪个点上，眼前总是一幅完美的图画。为了达到这个目的，他们讲究亭台轩榭的布局，讲究假山池沼的配合，讲究花草树木的映衬，讲究近景远景的层次。总之，一切都要为构成完美的图画而存在，决不容许有欠美伤美的败笔。他们唯愿游览者得到'如在图画中'的实感"[1]。那么，古人造园，从山水画中汲取了哪些智慧和方法？山水画是如何构成中国园林的蓝本的？

首先是空间的布局和设计。园林之美，归根到底是要营造一种空间的艺术之美。前面说过，为了在有限的空间中营构无限的美感，造园者极其推重借景，发现了远借、邻借、仰借、俯借等造景方法。这种仰观俯察、远与近取的空间布局，就是从山水画技法中获得的启迪。北宋画家郭熙在总结山水画的空间布局方法时提出过著名的"三远法"：

> 山有三远：自山下而仰山巅谓之高远，自山前而窥山后谓之深远，自近山而望远山谓之平远。高远之色清明，深远之色重晦，平远之色有明有晦。高远之势突兀，深远之意重叠，平远之意冲融而缥缥缈缈。[2]

[1] 叶圣陶：《拙政诸园寄深眷——谈苏州园林》，《百科知识》1979 年第 4 辑。

[2] 郭熙著，周远斌点校纂注：《林泉高致·山水训》，山东画报出版社 2010 年版，第 51 页。

高远、深远与平远是中国传统山水画最基本的三种构图方法。因为观赏者与景物的位置关系不同，人在欣赏景物的时候，视线往往有仰视、平视和俯视三种。而每一种位置关系和视线中，景物所呈现出的风貌也是不同的，要在一张平面的纸上呈现出如此丰富多彩的景观，突出风景的多样性，就必须遵循以下的绘画原则和方法：高远之景的色调往往清新明媚，气势飞动突兀；深远之景的色调往往晦暗深重，重叠反复；平远之景则依视线的游移而时明时暗，缥缈淡远。这是绘画中的空间构图方法，古人在造园叠山时，尤其重视借鉴"三远法"来设计园林空间布局，营构画意。然而，绘画是平面的、二维的，而园林则是立体的、三维的，如何在三维空间中呈现画意？这就要取其意趣而弃其形骸了。造园叠山的"三远法"，主要是要分别营造出突兀、重叠和缥缥缈缈的意境，而这三种意境，则需要通过对园林空间的高低、远近和重叠的掌控来实现。如叠山时，以园林的主视点为中心，其基本原则是近山高、远山低，近水低、远水高。[1] 这样，首先能在狭小的空间内营造出突兀的山势与幽深的水意，而当登近山远眺时，又能呈现出深远或平远的远景。平远主要依靠开阔平朗的空间布局来营造，而深远则通过闭合的空间设计来凸显。如《红楼梦》中写道，大观园门户初开：

　　　　只见迎面一带翠嶂挡在前面。众清客都道："好山，好山！"贾政道："非此一山，一进来园中所有之景悉入目中，则有何趣。"众人都道："极是，非胸中有大邱壑，焉想及此。"说毕，往前一望，见白石崚嶒，或如鬼怪，或如猛兽，纵横拱立，上面苔藓成斑，藤萝掩映，其中微露羊肠小径。[2]

　　这处假山，并非大观园中的主要景观，而是起隔景作用的嶂壁山，贾政的议论便是明证。但它也并非纯粹的屏障，而是采取了高远的叠山之法。山上遍布奇石，苔藓斑驳，佳木林立，又微微露出羊肠小道，吸

---

[1] 曹林娣：《东方园林审美论》，中国建筑工业出版社 2012 年版，第 157 页。
[2] 曹雪芹：《脂砚斋批评本红楼梦》上册，凤凰出版社 2010 年版，第 127—128 页。

引着游客凌绝顶、赏奇景。这一座山，综合了高远、空间闭合等多种造园手法，真如那些清客帮闲所说的，"非胸中有大邱壑，焉想及此"！

贾政诸人上了假山，穿过石洞，"只见佳木茏葱，奇花烂漫，一带清流，从花木深处曲折泻于石隙之下。再走数步，渐向北边，平坦宽豁，两边飞楼插空，雕甍绣槛，皆隐于山坳树杪之间。俯而视之，则清溪泻雪，石磴穿云，白石为栏，环抱池沼……"这就是近山高、远山低所营造的缥缥缈缈、开阔冲融的平远意境了。置身高处，环顾周身的葱茏花木，俯瞰深涧中清澈的溪流，与远处隐隐的亭台楼阁，色调之明暗、景观之虚实的对比尤其强烈，这就是造园从山水画所受的第二种启迪——布景之虚实、色调之明暗等的对比。

虚实相生、明暗相映是中国传统艺术创作的基本原则，宗白华先生曾概括说：

以虚带实，以实带虚，虚中有实，实中有虚，虚实结合，这是中国美学思想中的核心问题。[1]

从中国山水画的艺术实践来看，景物的布局与表现手法，如有与无、详与略、轻与重、黑与白、浓与淡、干与湿等各种对立统一的创作技巧，全都是以虚实关系为主导引申出来的。[2] 清代画家石涛在《苦瓜和尚画语录》中说："山川万物之具体，有反有正、有偏有侧、有聚有散、有近有远、有内有外、有虚有实、有断有续、有层次、有剥落、有丰致、有缥缈，此生活之大端也。"这里所说的"生活"，是指富于生机和活力，体现出宇宙自然之道的"活泼泼"的自然和社会现象。既然山川万物本身是奇正相倚、虚实相生的，那绘画自然要遵循这一基本原则，表现出它们的本来面目，使笔下的景物"有胎有骨、有开有合、有

---

[1] 宗白华：《中国美学史中重要问题的初步探索》，《艺境》，北京大学出版社 1998年版，第 348 页。

[2] 刘思智：《虚实相生 乃得画理——漫谈山水画的"虚""实"辩证观》，《滨州教育学院学报》1997 年第 1 期。

郭熙《窠石平远图》北宋 现藏于故宫博物院

体有用、有形有势、有拱有立、有蹲有跳、有潜伏、有冲霄、有崱屴、有磅礴、有嵯峨、有巑屼、有奇峭、有险峻……"总之，要"一一尽其灵而足其神"。[1]

　　既然自然山川万物之道暗含了虚实相生的内在逻辑，那园林作为人造的自然空间，追求"造景天然"，就必然要遵循这一逻辑的规定。清人沈复在《浮生六记》中说："若夫园亭楼阁，套室回廊，叠石成山，栽花取势，又在大中见小，小中见大，虚中有实，实中有虚，或藏或露，或浅或深。"[2]这样的道理不难体会，但要诉诸实践，尤其是将原本二维平面上的"虚实"，用墨的浓淡、干湿、黑白与线条的粗细、景物的有无等，转换到三维空间中的竹木花石和亭台楼阁的布置上，实在

[1] 释道济（石涛）:《苦瓜和尚话语录·笔墨章第五》,《丛书集成新编》第 53 册，台北新文丰出版公司 1985 年影印本，第 57 页。
[2] 沈复著，彭令整理:《浮生六记》卷二，人民文学出版社 2010 年版，第 27 页。

颇费心思，胸中若没有大丘壑，恐怕难以"使大地焕然改观"了。沈复在皖城（今安徽潜山县北）南城外游览过一处园林，堪称虚实相生的造园典范。这座园林背靠城墙，南临湖水，东西狭长，南北短促，很难经营布局，设计不好的话，园中景致几乎可以一眼收尽，没有余味。园林的建造者为了克服这一困难，采取了"重台叠馆"的造园法：

> 重台者，屋上作月台为庭院，叠石栽花于上，使游人不知脚下有屋。盖上叠石者则下实，上庭院者则下虚，故花木仍得地气而生也。叠馆者，楼上作轩，轩上再作平台。上下盘折，重叠四层，且有小池，水不漏泄，竟莫测其何虚何实。其立脚全用砖石为之，承重仿照西洋立柱法。幸面对南湖，目无所阻，骋怀游览，胜于平园，真人工之奇绝者也。[1]

这座园林，既然选址恶劣，没有营造景观的纵深感、层次感的平面空间，那干脆就将把原本平铺的景物立体化，将庭院和花园搬到屋顶楼上，在楼上再建造临水的回廊，这样原本纵横布列的虚实景观，如"实"的假山、花木，与"虚"的庭院、高轩、水池等，转换成了上下交错的立体布局。又充分发挥了借景的手法，把南面浩渺的湖水借来，成为凭栏远眺之一景。游人穿梭在厅堂、楼阁、庭院、回廊、花园等不同的景观中时，实际上是在曲折回环地上下游走，却忘记了身在空中之虚。这座空中花园，还借鉴了西洋建筑的样式，给人一种身在异域的惊奇感，自然要远胜于一般的园林了。

---

[1] 沈复著，彭令整理：《浮生六记》卷四，人民文学出版社 2010 年版，第 77 页。

结 语

为华夏生活立『美心』

每个人都要"生",皆在"活"。

何谓"生活"?

生活是"生"与"活"的合一,"生"是自然的,"活"乃不自然。

在汉语语境里面,"生"原初指出生、生命以及生生不息,终极则指生命力与生命精神,但根基仍是"生存";"活"则指生命的状态,原意为活泼泼地,最终指向了有趣味、有境界的"存在",画家石涛所说的"因人操此蒙养生活之权"就是此义。

禅宗讲求,"饥来吃饭,困来即眠"[1]。人们白天劳作,夜晚睡眠,呼吸空气,沐浴阳光,承受雨露,享有食物,进行交媾,分享环境,这些都是我们要"过的日子"。

人们不仅要"过"生活,要"活着",而且要"享受"生活,要"生存"。生活也不仅仅是要"存活",在存活的基础上,我们都要"存在"。

在西方世界,"对古人来说,存在指的是'事物';对现代人来说,存在指的是'最内在的主体性';对我们来说,存在指的是'生活'(Living),也就是与我们自身的直接私密关系、与事物的直接私密关系。"[2] 在这个意义上,中国人早就参透了生活的价值,我们由古至今都生活在同一个"生活世界"当中,而不执于此岸与彼岸之分殊。

按照"社会人类学"的观念,人类与非人的区分就在于三点:首先,人们使用火种,不仅是为了给自己取暖,而且也为了加工他们的食物,而其他动物则不能。其次,人们致力于与他人之间的性关系,而其他动物则不能。再次,人类通过图绘、毁损身体抑或穿着衣服的方式,来改变他们的"自然的"身体形式,而其他动物则不能。[3]

简单说来,人类与动物的差异,第一在于做熟食物,第二在于性

[1] 道原著,顾宏义译注:《景德传灯录译注》,上海书店出版社 2010 年版,第 387 页。

[2] 荷西·奥德嘉·贾塞特著,谢伯让、高薏涵译:《哲学是什么?》,商周出版社 2010 年版,第 245 页。

[3] Edmund Leach, Social Anthropology, Fontana, 1982, p. 118.

关系，第三则是装饰身体。这就是生活的最基本方面——食、色与装，这也是所谓"身生活"的基本层面。当然，人类超出动物的更在于"心生活"方面，动物也有情感，但只有人类的情感才是"人化"的。[1]

实际上，人与动物的基本区分就在于，人是能"生活"的，而动物只是"存活"，所以才能"物竞天择"地进化，人类当然也参与进化，但是却能以自身的历史与文明影响进化的进程。

的确，我们皆在享用着美食、空气、阳光、美景、劳作、观念、睡眠，如此等等，但这些对象却并不被呈现出来，我们只是依赖它们而生活。[2]一方面，我们的确享有了如此种种对象，但另一方面，我们还在"感受"着这林林总总。

在我们呼吸、观看、进食与劳作的时候，当我们感受到它们的时候，不仅可能有痛苦，而且更可能有快慰，还可能有着的各式各样感受。每个人，对于自己的"所过"生活与"所见"他人的生活，都有一种感性的体验。

这便是对于生活的"享受"，人们不仅过日子，而且，还在"经验"（体验）着他们的生活。

实际上，"所有的享受都是生存的方式（way of being），但与此同时，也是一种感性（sensation）"[3]。我们知道，"美学"（aesthetics）这个词，原本就是感性与感觉的意思，美学之原意就是"感性之学"。

所以说，"生活美学"就是一种关乎"审美生活"之学，是追问"美好生活"的幸福之学。

几乎每个人都在追寻"美好的生活"。"美好"的生活，起码应包

---

[1] "身生活"与"心生活"的两分，是历史学家钱穆的分法，"人类自有其文化历史以后的生活，显然和一般动物不同，身生活之外，又有了心生活，而心生活之重要逐步在超越过身生活"，参见钱穆：《人生十论》，广西师范大学出版社 2004 年版，第 61 页。

[2] Emmauel Levinas, Totality and Infinity, Matinus Nijhoff Publisher, 1979, p. 110.

[3] Emmauel Levinas, Time and the Other, Duquesne University Press, 1987, p. 63.

括两个维度，一个就是"好的生活"，另一个则是"美的生活"。"好的生活"是"美的生活"的基础，"美的生活"则是"好的生活"的升华。

"好的生活"，无疑就是有质量的生活，所谓衣食住行用的各个方面都需要达到了一定水平，从而满足民众的物质需求；而"美的生活"，则有更高的标准，因为它是有品质生活，民众在这种生活方式当中要获得更多的身心愉悦。

无论是有质量的还是有品质的生活，实际上，最终都指向了幸福的生活。所谓"来自某物的生活就是幸福。生活就是感受性（affectivity）与情感（sentiment），过生活就是享受生活"[1]。

由古至今的中国人，皆善于从生活的各个层级上，去发现生活之美，享受生活之乐。中国人的生活智慧，就在将"过生活"过成了"享受生活"。

中国人的美学，从根本上就是一种生活美学，而本书所深描的就是中国人的生活之美。

基本上，生活的价值可以分为三类：其一为生理的价值，其二为情感的价值，其三则为文化的价值。

首先，生活具有生理的价值。所谓"食色性也"，古人早已指明了人们的"本化之性"。然而，生理终要为情感所升华，否则人与动物无异。从生理到情感，这就是从"性"到"情"的转化，"生活就是'相续'。唯识把'有情'……叫作'相续'"[2]。

其次，生活具有情感的价值。所谓"礼做于情"，原始儒家便已指明了"情的礼化"，这一方面就是化情为礼，另一方面也是"礼的情化"，礼"生"于情也。进而，从情感到文化，从儒家角度看，就是从"情"到"礼"的融化。

再次，生活具有文化的价值。所谓"人文化成"即是此义，这是情礼

[1] Emmauel Levinas, Totality and Infinity, Matinus Nijhoff Publisher, 1979, p. 115.
[2] 梁漱溟：《东西文化及其哲学》，商务印书馆 1987 年版，第 55 页。

合一的结果。这就是儒家为何始终走"礼乐教化"之途，它来自"礼乐相济"之悠久传统的积淀。文化作为一种生活，乃是群体性的生活方式。

简而言之，从"性""情"到"文"，构成了生活价值的基本维度，生活美学也涵盖了从"自然化""情感化"到"文化化"的过程。

由此而来，根据价值的分类，生活美学也就此可以三分：

其一就是"生理的"生活美学，这是关乎广义之"性"的，如饮食、饮茶、交媾等等，饮茶在东方传统当中成了不折不扣的"生活的艺术"，所以才有"茶道"的艺术。

其二是"情感的"生活美学，这是关乎广义之"情"的，交往之乐趣就属此类，如闲居、交游、雅集、人物品藻等等，这些在中国古典文化当中都被赋予了审美化的性质。

其三才是"文化的"生活美学，这是关乎广义之"文"的。在文化当中，艺术就成了精髓，比如中国传统的诗、书、画、印、琴、曲，但是文化在古典中国亦很重要，园林苗圃之美、博弈游艺之美、游山玩水之美都是如此。

追本溯源，"人之所以不是非人（non-man），那是由于他们已经创造出了艺术想象力，这种艺术想象力是与语言和其他模式化形式的使用紧密相关的，而且随意表现出来，例如音乐与舞蹈。"[1]这意味着，艺术化的生活，也是人类区分于动物的重要差异。

动物不能创造艺术，也不能生成文化，马戏团的大象进行"绘画"那是训练师进行生理训练的结果。动物不能创造艺术，这是无疑的，至于动物能否审美，动物学家曾观测到大猩猩凝视日落的场景，但是目前还难以得到科学上的证明。

人类是"审美的族类"，是"艺术的种族"，从而与动物根本拉开了距离，能够审美地活、审美地生！

中国的"生活美学"，恰恰回答了这样的问题：我们为什么要"美

---

[1] Edmund Leach, Social Anthropology, Fontana, 1982, p.108.

地活"？我们如何能"美地生"？

所以说，我们也是在找回"中国人"的生活美学，这是由于，要为中国生活立"心"！立"美之心"！

后记

为中国人找回"生活美学"

——《中国科学报》刘悦笛访谈录

《中国科学报》：

您一直倡导"生活美学"，这个概念的内涵是什么？

刘悦笛：

简单说来，我所提出的"生活美学"，就是一种回归生活的新美学，它力主审美活动回到现实世界。美是从生活中生长出来的，不是超逾生活并与生活绝缘的存在。美学不是高头讲章，理论是灰色的而生活之树长青，要到生活本身那里去寻美的根源。我在 2001 年形成了这种主张，所以它是新世纪的新美学，2005 年我的《生活美学》为开门之作。[1]

美学要回到广阔生活，生活要与审美联通，那么，生活美学就要着力发掘生活世界的审美价值，提升生活经验的审美品格，增进当代公民的人生幸福。美是让人"乐活"的，美的过程就是一种健康与可持续的生活方式，美的体验正是衡量这种生活质量的感性指标。然而，这种贴近生活本源的乐活方式，还有"艺活"的更高形态，由此进入美境，方能助人走向艺术化的生活。乐活偏重身体，艺活侧重于心灵，从乐活到艺活之升华，便能塑造出身心合体的人生审美境界。

目前，从全球到中国的美学界，都在实现着一种生活论转向。2011

---

[1] 刘悦笛：《生活美学——现代性批判与重构审美精神》，安徽教育出版社 2005 年版。

年清华大学出版社出版的《生活中的美学》一书我所打出的推介词就是：全球的生活美学，美学的中国生活。美学从原本关注艺术，进而聚焦环境，到如今则回到生活了。[1] 今年我又与国际美学协会主席柯提斯·卡特在英国剑桥学者出版社主编了新书《生活美学：西方与东方》（Aesthetics of Everyday Life: West and East），更是将中国的生活美学智慧推举到了国际的舞台。[2]

《中国科学报》：

当代社会生活中有很多不美的因素和现象，面对这类现象该如何应对？

刘悦笛：

面对这种现象，我们要在全社会倡导一种"公民生活美学"！我认为，审美不仅是一种文明素养，而且，也是一种文化人权。当今中国理应倡导"公民美育"与"社会美育"来保护文化的成长。

"公民美育"是说，审美能力应该成为公民的基本素质之一，审美本身也是一种人权，属于人的最基本的权力。《世界人权宣言》的第27条就说："人人有权自由参加社会的文化生活，享受艺术，并分享科学进步及其产生的福利。"根据这一基本原则，审美也可以被看作是一种文化人权。但没有相应的审美素质的人群，即使面对好的文化艺术也不能参与其中，这就需要在保证审美作为人人分享的权利的同时，推动民众的审美文明基本素养之培养。

同样，"社会美育"的基本诉求是，要求审美成为衡量社会发展的感性尺度，就像保护环境只是个伦理诉求，但是环境是否美化则是更高级的标准，审美是社会发展的高级尺度与标杆。审美不仅可以成为衡量

---

[1] 刘悦笛：《生活中的美学》，清华大学出版社 2011 年版。

[2] Liu Yuedi and Curtis L. Carter eds., Aesthetics of Everyday Life: West and East, Cambridge Scholar Press, 2013.

环境优劣的高级标准，而且也成为衡量我们日常生活质量的中心标志。让世界更美好，成为当代美学家们内在的基本吁求。然而，当美学家们都承认美学拥有改变世界的能量之时，他们的潜台词都是在说：并不是所有的生活都可以使得世界变得更加美好，审美化的生活才能成为改变世界的高级标尺。审美不仅可以作为社会进步的标尺，同样也是生活品质的基本标准。

《中国科学报》：
如何增加我们生活中的审美因素，美化我们的生活？

刘悦笛：
我给每个公民的建议就是，要做"生活艺术家"。做我们自己的生活艺术家，就是要像艺术家创造艺术品一样去创造自己的生活。更简单地说，生活艺术家是将人生作为艺术，而不是为艺术而艺术，他们绝对不是职业艺术家，但却可以用艺术与审美的态度去对待人生与社会。这就要求，我们要积极地向感性的生活世界开放，要善于使用艺术技法来应对生活，要将审美观照、审美参与、审美创生综合起来，以完善我们的生活经验。给艺术家以"生活"这样的前缀，就是在将艺术"向下拉"的同时，将生活"向上拉"。只有成了"生活的"艺术家，生活才能成为艺术家般的生活，只有成为生活的"艺术家"，艺术与审美才能回到生活的原真状态。

对于中国的普通民众而言，谁不想生活得更美好呢？所谓美好的生活，我觉得起码应包括两个维度，一个就是"好的生活"，另一个则是"美的生活"。好的生活是美的生活的现实基础，美的生活则是好的生活的高度升华。好的生活毫无疑问就是有"质量"的社会，所谓衣食住行用的各个方面都需要达到一定水平，从而满足民众的基本物质需求；而美的生活，则有更高的标准，因为它是有"品质"的生活，民众在这种生活方式当中要获得更多的审美享受。但无论是有质量的还是有品质的社会，它们最终都指向了"幸福"的生活。人的幸福其实就是个大美学问题，也就是生活美学问题。"美者优存"成了生活美学的基本规定，不断增长的审美价值，的确成了提升生活质量的内在动力，同时也是生活品质的外化标准。

《中国科学报》：

当代中国人的审美与中国古典美学传统相比发生了哪些变化？

刘悦笛：

中国的生活美学传统是个始终未断裂的传统，就像制度儒家与理论儒学在 20 世纪被屡次颠覆，而生活儒学仍存在于百姓日用之内而不知那样。中国古典美学就是原生态的生活美学传统，从而形成了一种"忧乐圆融"的中国人的生活艺术。从诗情画意到文人之美，从笔砚纸墨到文房之美，从琴棋书石到赏玩之美，从诗词歌赋到文学之美，从茶艺花道到居家之美，从人物品藻到鉴人之美，从雅集之乐到交游之美，从造景天然到园圃之美，从归隐山林到闲游之美，从民俗节庆到民艺之美，都属于中国传统生活美学的拓展疆域。

但不可否认，古典美学传统在当代还是得到了现代转换。首先从审美主体看，传统的文人审美与民俗审美在而今转化为大众的审美，传统社会阶层造就了雅俗分赏的格局，当今大众与精英文化则在逐渐融合。其次从审美媒材看，农业社会的审美载体经过了工业革命后而进入电子时代，如今使用新媒体技术的人们可以下载网络钢琴来演奏，下载谱曲器来编曲，下载美术馆图片来欣赏，生活美育正在转变为在大众身边的自我培育。最后从审美对象看，前面两点就决定了当代人所喜爱的人工世界与自然宇宙已全然不同以往了。

《中国科学报》：

当代中国人该如何建设一个良好的审美心态和审美眼光？其中古典美学能起到什么样的作用？

刘悦笛：

答案就在于，我们如何打造每个人自己的生活美学，如何共同创造公民们共同的生活美学。中国古典美学的延续与继承，恰恰决定了我们的生活美学是"中国人"的生活美学，生活美学的传统要在当今得到创造性转化。由此出发，我们才能走向一种审美化的文明生态，从而达到人与自然、社会、他人之间的和谐共处，达到人类、社会与自然之间的和谐共进！

图书在版编目（CIP）数据

风月无边：中国古典生活美学 / 刘悦笛，赵强著 . —北京：北京时代华文书局，2021.11
ISBN 978-7-5699-4288-0

Ⅰ. ①风… Ⅱ. ①刘… ②赵… Ⅲ. ①生活－美学－研究－中国 Ⅳ. ① B834.3

中国版本图书馆 CIP 数据核字 (2021) 第 147390 号

拼音书名 | Fengyue Wubian: Zhongguo Gudian Shenghuo Meixue

出 版 人 | 陈　涛
责任编辑 | 石冠哲
责任校对 | 薛　治
装帧设计 | 程　慧　陈奥林
责任印刷 | 訾　敬

出版发行 | 北京时代华文书局 http:/bjsdsj.com.cn
北京市东城区安定门外大街 138 号皇城国际大厦 A 座 8 层
邮编：100011　电话：010-64263661　64261528
印　　刷 | 北京盛通印刷股份有限公司　010-52249888
（如发现印装质量有问题，请与印刷厂联系调换）
开　　本 | 710 mm×1000 mm　1/16　印　张 | 20.5　字　数 | 295 千字
版　　次 | 2023 年 3 月第 1 版　印　次 | 2023 年 3 月第 1 次印刷
成品尺寸 | 165 mm×240 mm
定　　价 | 72.00 元